U0247310

陈欣然 著

老家味道 山东卷

河北出版传媒集团
河北教育出版社

目录

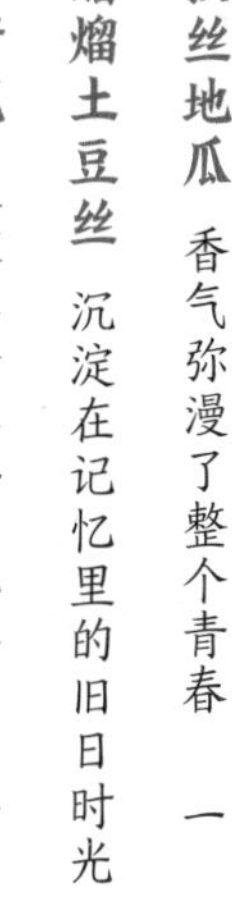

拔丝地瓜

香气弥漫了整个青春

趁热夹上一块儿，便能从盘子里拔出细细长长的丝来，在拔丝地瓜伴侣——一碗凉水里蘸一下，丝便断了。外焦里糯的口感，扑鼻的地瓜香气，让你忍着烫嘴的危险也绝不停下筷子来。

“大学期间最让你难忘的美食是什么？”这是前几天大学同窗群里讨论得如火如荼的话题。

答案自然是五花八门。糖醋里脊、九转大肠、醋熘土豆丝、水煮肉片、锅塌豆腐、德州扒鸡，四号餐厅里的蘑菇肉，八号餐厅里的各色馅饼，学校门口的麻辣串儿、烤地瓜、土豆丝鸡蛋饼，夏天傍晚校园商店橱窗里的炒田螺……那些被埋藏在记忆深处的美食，经过大家的集体回忆，竟一一鲜活了起来，勾起口水无数。

而得票率最高的，是那道最为经典的济南菜——拔丝地瓜。

济南是一座有着厚重历史和文化积淀的城市，这决定了它具有一种沉稳而内敛的气质。这座四平八稳的城市，后因电视剧《还珠格格》中“大明湖畔的夏雨荷”，又平添一丝浪漫气息。

而济南菜作为鲁菜三大流派之首（另外两支是胶东菜和孔府菜），也有着格外大气稳重的品格——或许并不能第一眼给你惊艳的感觉，却能让你于细品过程中慢慢享受到一种低调的奢华。

在济南读书的四年，是我人生中最绚丽的年华。济南这座城市，建筑并不华丽，道路并不宽阔，与“摩登”二字绝无关联，离大都市的规模也相去甚远，有夏日灼热的艳阳，有冬季凛冽的北风，气候绝对不算宜人，风景也谈不上让人过目不忘……

然而我深爱着山大校园里的一草一木，爱公教楼的大阶梯教室，爱图书馆里鳞次栉比的一排排图书，爱那片喜鹊与乌鸦和睦共处的小树林，爱散落于校园角落的馆子里那些令人赞叹的家常味道。拔丝地瓜就是其中非常令人惊艳的一道菜。

山东话里的地瓜，其实就是红薯，也有地方叫白薯，天津话管它叫山芋。地瓜、红薯、白薯、山芋，其实都是一个东西，只是有品种的区分而已，有些是红瓤，有些是白瓤,还有黄瓤的。最为常见的烹饪方法当然是烤地瓜，这是各地街头都深受欢迎的小吃。

拔丝地瓜将地瓜提升了一个档次，可谓地瓜家族里的贵妇。你看吧，那切成滚刀块儿的地瓜被晶亮的糖皮包裹着，褪去了原来的平凡模样，每一块儿都闪烁着金黄色的诱人光泽。趁热夹上一块儿，便能从盘子里拔出细细长长的丝来，在拔丝地瓜伴侣——一碗凉水里蘸一下，丝便断了。外焦里糯的口感，扑鼻的地瓜香气，让你忍着烫嘴的危险也绝不停下筷子来。

当然，济南还有别的特质。比如当时的济南交警是赫赫有名的，全国都在学习。比如济南的鲁能足球队，在当时的足球甲 A 联赛中常常傲视群雄。

大三那年，身为女球迷的我，一整个赛季都在为天津三星队揪心不已。其实我也不能算是纯粹的天津人——我父亲老家在河北省，在北京读大学，毕业后下乡、工作也在河北，后因工作调动才去了天津。但从小在那座城市长大，我对它还是有着很深感情的，对天津队的球星们也是耳熟能详。

甲 A 联赛最后一场比赛，我在山东鲁能的主场见证了天津三星队的遗憾降级。从体育场走出来，济南球迷们都是一脸的欢欣鼓舞，而独自垂泪的我则显得分外突兀。陪我来看球的朋友说，别哭了好吗，我请你吃饭吧？我一边抽泣一边问："吃什么？"

那天的晚餐，别的菜都忘记了，唯独记得那一大盘子的拔丝地瓜。朋友说多吃点儿，吃甜食能让人忘记悲伤。

朋友是生物系的男生，来自我们宿舍的联谊宿舍，因为跟我有共同的爱好而保持了一段时间的小暧昧。由于他一直没有表白，我也就一直没有机会拒绝。舍友们说，要是不喜欢人家，就赶紧拒绝吧，不要给人希望最后又耽误人家的宝贵时光。好吧，我知道这话说直白点儿就是不要占着那啥不那啥。

因此本来决定那天看完球赛后就跟他说，我们没有可能，不要再浪费时间了。然而那个寒冷的晚上，那盘拔丝地瓜端了上来，他一边把盘子往我面前推，一边说赶紧趁热吃，不然一会儿凝固了就不好吃了。我内心忽然感动得一塌糊涂，忽然觉得一切关于拒绝的话语都不适合那样温暖和谐的气氛。于是埋头苦吃，撤销了原来的计划——然后把无情拒绝的时间往后推了三天。

那位朋友，毕业以后便失去了联系，从此杳无音信。去年夏天，因为一个刚刚联系上的同学是他的老乡，于是通过微信我跟他又取得了联系。隔着万水千山，隔着十几年未见的陌生感，他问我，你都完全忘了我这个人了吧？我说，怎么会呢，我还记得你说过，吃甜食能让人忘记悲伤。

所以，这些年来，遇到挫折觉得难过又不愿意或者不能够对朋友倾诉的时候，我都会找些甜食来吃，一枚蛋糕，或是一块巧克力，又或是一碗冰糖银耳汤。只是很遗憾，毕业后离开济南，我再也没有吃过如此地道美味的拔丝地瓜。

自己也试着做过，要么是火候掌握得不到位，要么是油糖比例不对，抑或是地瓜品种的不同，总做不出当年在济南吃过的味道，好像总是缺少了些什么。因为吃不到，所以就越发怀念山大校园里的那些小饭馆，想念饭桌上的那一盘色香味俱全的拔丝地瓜。

后来听说在我们毕业后，学校整治了校园内的小馆子，于是它们最终不复存在。如今的学弟学妹们，怕是再没了在校园里品尝这道名菜的机会，毕竟这种需要出锅后几分钟之内吃掉不然就会凝固住的菜肴，并不适合出现在食堂里。

这么说来，我们那可以时常去小饭馆里打牙祭的青春，才是真正独一无二的。

拔丝地瓜

切成滚刀块儿的地瓜被晶亮的糖皮包裹着，
褪去了原来的平凡模样，
每一块儿都闪烁着金黄色的诱人光泽。

拔丝地瓜的做法

食材：地瓜、白糖、食用油。

1 将地瓜洗净削皮，切成滚刀块儿。

2 锅内加油，大火加热到五六成热时放入地瓜块儿，调中火，将地瓜炸至外表变硬、颜色金黄，捞出控油备用。

3 把锅中的油倒出来，不刷锅，锅中放入适量白糖，调到中小火，待锅中白糖熔化后调微火。

4 将白糖熬成微红的浓汁，倒入炸好的地瓜块，迅速翻拌均匀，使每一块地瓜都裹上糖汁，即可装盘。

小贴士

1 在白糖熬制成汁时要把握好火候，火候不够糖就不能拔丝，火候过了糖就会熬煳而无法食用。一定要在白糖变成红色且没有白气泡的时候快速倒入炸制好的地瓜块，然后迅速起锅。

2 为了防止装拔丝地瓜的盘子不好清洗，可以在装盘前在盘子上抹一层香油，然后再倒入成品。

3 在上桌的同时上一碗白开水，夹起地瓜先蘸水再食用，如此便不会让糖粘牙。

醋熘土豆丝

沉淀在记忆里的旧日时光

闭上眼睛静静回味，总有那么一盘诱人而貌美的醋熘土豆丝，在早已沉淀的旧日时光里，冲我温暖而明媚地笑着。

十八岁那年的夏天，我伫立在填报高考志愿的十字路口，在两个学校之间徘徊良久——一个是有着悠久历史和文化积淀的山东大学，一个是有着动人风景和浪漫情怀的厦门大学。最终考虑到离家近的因素，在志愿表的第一行填写上了位于济南的山东大学，从此便与齐鲁之地结下了不解之缘。

泉城济南是一座古老而低调的城市，千佛山、趵突泉、大明湖，都是历经沧桑后留存下来的动人风景。虽说不上美艳绝伦，却有着沉淀下来的厚重感，让人觉得这是一座有文化底蕴的城市。

山东是中国烹饪文化的发源地，鲁菜是中国八大菜系中唯一一个自发型菜系，历史悠久、技法全面，难度高、功力深。而济南菜作为鲁菜三大流派之首，也跟这座城市一样，有着醇厚而内敛的品质。

那时是 20 世纪 90 年代后半期，十七八岁的女孩子聚在一起，课余时间谈论的话题，不外乎美食、服饰、班里的帅哥，以及最有魅力的老师。刚刚背井离乡的我们，一下子很难适应学校食堂饭菜平淡的滋味，抱怨是少不了的。经过一段时间的寻觅与探索，我们陆续发现了不少散落于校园内外的小饭馆，在品尝了若干家之后，便有一两家特别出类拔萃的脱颖而出，成为我们每周聚餐的定点饭馆。

闭上眼睛慢慢回忆当年每次聚餐必点的菜肴，首先进入脑海的竟是那一道看似最平凡的醋熘土豆丝。

说它平凡，实在是因为它是每个家庭餐桌上经常出现的菜。然而，正如《射雕英雄传》中黄蓉说她最拿手的菜是白菜豆腐一样，越是看似简单的菜肴越难做得出色。十个师傅炒出的醋熘土豆丝会是十种不同的滋味，而真正把这道菜做好其实特别难，正所谓简约而不简单。大学毕业后，工作之余，我先后学过做鲁菜和川菜，能做出不少复杂且美味的大菜，然而醋熘土豆丝却属于发挥极不稳定的一道菜，有时口味极佳，有时又比较失败。刀工，火候，调味品放入的顺序及用量，里面的一些小步骤、小细节，稍一疏忽就容易导致满盘皆输。

那时候，全宿舍的女孩每个周末都会聚餐，每逢节日到来、有人过生日，大家也一定会出去“搓”一顿，在连招牌都“欠奉”的小馆子里，点上几道百吃不厌的菜。说来也是奇怪，来自天南地北的我们，口味却惊人的一致，喜欢的菜基本就是那几种——糖醋里脊、水煮肉片、京酱肉丝、拔丝地瓜，以及永远的醋熘土豆丝。

醋熘土豆丝总是第一个被端上来。硕大的盘子里，细细的土豆丝散发着要命的香味，饥肠辘辘的我们总能在几分钟之内把它消灭光，守着一个空盘子等着下一道菜的来临。有时候意犹未尽，我们会再点一盘醋熘土豆丝，反正它那么价廉，不会给最后的结账造成压力；而且它那么清淡，多吃些也不会让人觉得腻。

犹记得一次宿舍里的两个女孩子闹了别扭几天没说话——女生住在一起，这样的磕磕绊绊总是免不了的，四年时间里，随便两个人之间似乎都发生过矛盾，几天甚至几个星期不说一句话的情况也是有的。然而每周末的宿舍聚餐一定会照例进行，不会因任何事情而失约，不会以任何人的意志为转移。那天大家风卷残云般吃完一大盘醋熘土豆丝后，依然意犹未尽。“再来一盘吧！”那两位正在闹别扭的女士几乎是异口同声。两人先是一怔，然后各自都有点尴尬，随后在其他人的偷笑里再也忍不住地哧哧笑出了声，就这样冰释前嫌了。

那个年纪胸无城府的我们，闹个别扭原本就单纯而直接，哪有什么大仇大恨，不过是些鸡毛蒜皮的小磕碰而已，一盘土豆丝就能让我们抹去心底所有的芥蒂。不像步入社会以后，鲜有人会毫无保留地对你展露自己的喜怒哀乐，在人前跟你宛若兄弟姐妹的人，在背后也有可能狠狠地捅你一刀，这时候便难免会怀念起大学时代那种毫无利益冲突的友谊，怀念宿舍姐妹之间相处的每一个甜蜜或麻辣的瞬间。

我曾溜到后厨去见识老板娘的厨艺，顿时惊为天人。一下下快速落刀的瞬间，薄薄的土豆片就变戏法般成了细细长长的丝。大火翻炒间，土豆丝们便互相拥抱缠绕着变了颜色，一副剪不断理还乱的柔情模样。待盛入盘中，那一大盘散发着诱人香气的土豆丝啊，甚至那散落于菜间的蒜末儿，在色香味上都堪称完美，分分钟诱惑着你的味蕾。身材高大的老板娘见我睁圆了眼睛目不转睛地看，不由得笑出了声，有些自豪地用地道的济南话说："附近这几家的醋熘土豆丝，就我家的最好吃。"

老板娘并没有言过其实。事实上，她家的土豆丝何止在附近的几家饭馆里卓尔不群。毕业以后，我也算走过了不少地方，吃过了不少美食，醋熘土豆丝也吃过不少，却再也找寻不到当年山大校园里那家小饭馆的味道。只是如今，小饭馆早已因校园规划而消失得无影无踪，不知道老板娘是否去了其他地方另起炉灶，不知道哪方食客有缘品尝到那样的美妙滋味。

做土豆丝刀工无疑是最重要的，甚至决定着这道菜的成败。切成均匀的细长丝的土豆丝，与切得不那么细长且粗细不均的土豆丝，炒出来是截然不同的两道菜，无论是外形上还是味道上都是如此。多年后我闲来无事去学厨艺时，在刀工上是颇下了番功夫的，然而虽然最终能够切出差强人意的各种丝，但炒出的味道总觉得与山大校园里小饭馆老板娘的手艺相去甚远。高手在民间,果然不假。

如今做醋熘土豆丝这道菜，为图省事，我常常会用专门的打丝工具来打土豆丝，那个工具在山东被称作“菜虫”，不知道它的学名到底是什么，在其他地方有无别的称呼。不过，打出来的丝和切出来的丝，虽然品相上差不太多，却总让人觉得缺少了那么一些用心在里面，于是味道似乎也跟着受了些许影响。也许只有从头至尾的纯手工诚恳制作，才能具备那种令人回味无穷的味道吧。

闭上眼睛静静回味，总有那么一盘诱人而貌美的醋熘土豆丝，在早已沉淀的旧日时光里，冲我温暖而明媚地笑着。

醋熘土豆丝

那一大盘散发着诱人香气的土豆丝，
甚至那散落于菜间的蒜末儿，
在色香味上都堪称完美，
分分钟诱惑着你的味蕾。

醋熘土豆丝的做法

食材：土豆、葱、蒜、青椒、胡萝卜、干红椒、生抽、盐、糖、醋。

1 土豆削皮洗净切丝，用凉水反复浸泡（目的是将淀粉泡出，以保证土豆丝的香脆口感）。葱、青椒、胡萝卜、干红椒切丝，蒜切末儿。

2 锅烧热后加油，葱花、干红椒炝锅，倒入土豆丝大火翻炒。

3 加入少许生抽调味，继续翻炒，加入蒜末儿、青椒丝、胡萝卜丝等翻炒，再依次加入适量盐、糖、醋，快速翻炒半分钟左右，出锅装盘。

小贴士

将土豆丝切好以后，可以先放进醋水中浸泡一会儿，并反复冲洗几次，这样既可以避免土豆丝在空气中氧化变黑，也可以去除淀粉，让口感更加清脆。不喜欢脆的则不必此多次冲洗。

炸荷花
绽放在餐桌上的花朵

成菜的外形十分漂亮，挂浆下油锅炸后保持了色泽上的美丽娇艳，按照花朵的形状摆在盘子里，中间还可以放上一只莲蓬或一朵荷花花蕊，看上去美观精致，闻一下荷香扑鼻，咬一口脆生生的，外酥内软，美味至极。

大一时同宿舍的真真，是我进入大学以后遇到的第一个跟我投脾气的女生，我俩颇有点儿一见如故、相见恨晚的感觉。

真真的老家在青岛，从小在济南长大，但看上去却是一副江南美女的模样，纤细而甜美，说话声音也是柔柔的。虽然真真看上去柔弱无比，性格也是特别温和的那种，但军训时表现十分出色，不管多难的训练任务都能完成，骨子里有股韧劲儿。因为比我大一岁，后来又知道我自幼失母，她一直特别照顾我，军训中我的脚扭了，在宿舍里养伤，她就托家里人捎来各种零食给我，还把自己喜欢的书借给我看，打发时间。

真真是美女，也是学霸，是从济南某高中直接保送山大的，高中时学的是理科。后来从同学那里得知，她的父亲是山大某副校级领导，母亲也是山大的一位资深教授。这样的背景让一些同学对她颇有微词，觉得她可能是凭借父母的关系谋求到了宝贵的保送名额，凭自身实力不一定能够考上山大这所山东最好的大学。

然而真真用自己的实力以及后来的表现击碎了一切谣言。

军训结束后，真真从中文系转入了数学系。从纯文科院系转入纯理科院系，这在山大历史上恐怕是绝无仅有的，在当时引起了不小的轰动。我对真真自然是极其不舍的，虽然只相处了短短一个月，但觉得跟她认识了仿佛有一个世纪那么久，忽然一下子要分开了，心里特别难受，哭了好几次。考虑到真真本来就是理科生，自然去数学系更能施展她的才华，也就只能在不舍中祝福她了。好在数学系女生宿舍就在我们中文系宿舍下面一层，想见面并不难。

然而想经常见面还是有点儿难的。真真所在的数学系课程特别多，平时的课余时间她都用在了上自习上，周末她又要回家，所以我们真正见面聊天的机会少之又少。不过她时常会在快熄灯时跑上楼来看我，有时找我借隐形眼镜护理液，有时塞给我一些小零食，有时互相交换一下最近看的闲书。

真真转入数学系后，第一学年就以两次期末考试都是年级第一名的成绩获得了特等奖学金，证明了自己的实力，也让数学系里原本存在的质疑之声烟消云散。我听说这个消息后高兴地跑下楼去祝贺真真，她温柔地冲我一笑，说："走，请你去吃好吃的。"

真真请我吃的是炸荷花。

美丽的荷花，是很多作家笔下高洁的象征，也是不少画家钟爱的临摹对象。而在济南，这寓意美好的花朵竟拿来入菜，实在令很多人大跌眼镜，但这其实没什么好奇怪的。

济南有著名的大明湖，此外还有大大小小的各种泉水，号称"泉城"，出产荷花是理所应当的。荷花与大明湖的另一种特产——蒲菜一样，被烹制后端上餐桌，也是顺理成章的。

炸荷花这道菜，时令性很强，只会应时应景地在济南酷热的夏季里上市。成菜的外形十分漂亮，挂浆下油锅炸后保持了色泽上的美丽娇艳，按照花朵的形状摆在盘子里，中间还可以放上一只莲蓬或一朵荷花花蕊，看上去美观精致，闻一下荷香扑鼻，咬一口脆生生的，外酥内软，美味至极。这道菜不仅有荷花的香甜，还有豆沙馅的甘甜、桂花糖的清甜，令人吃过之后唇齿留香，不忍释筷。真真告诉我，这道甜品是她的最爱，它不仅美味可口，还有清浊降暑、养心安神的功效。

一边吃着这道清甜的炸荷花，一边凝视真真如花朵般的笑脸，真觉得岁月静好，人生安详，竟有些盼望着时光就此定格，在这一刻多停留一阵子该有多好。

现在想来，优秀如真真那样的女生，可能集中了我对女孩子的一切最美好的形容——美丽、优秀、自强、坚韧。若她当初留在了中文系，我对她的嫉妒难免会侵蚀我们的友谊。幸好她转系了，保住了我们亲如手足的情谊。我们会为了彼此的快乐而欣喜，为了彼此的忧伤而难过，在对方遇到困难的时候出谋划策、加油鼓劲儿。而真真每次得了特等奖学金，也会高高兴兴地请我吃美食，若是赶上夏天，我俩都特别喜欢的香甜美味的炸荷花，必然是每次必点的菜品。

然而真真在感情上并不是一帆风顺的。

大三那年的某一天，她约我出来，坐在夕阳西下的学校标志性景观——小树林的石凳上，告诉我她恋爱了。真真恋爱的对象是山大政法学院的同年级男生，校学生会副主席，两人是在学生会组织活动时认识的。优秀的男孩和优秀的女孩相遇，互相喜欢、迸发出火苗也就是情理之中的事了。

然而真真跟男孩交往的事必须瞒着父母。因为父母对她要求极其严格，不仅在学业上，更是在生活上。大学期间不能谈恋爱、毕业后读研、将来出国深造、必须拿下博士学位……这些都是她一进大学父母就跟她约定好了的事。对她来说，读书和恋爱不可兼得，若想跟男孩继续恋爱，就只能保持隐秘的地下状态。更何况男孩学的又是政法专业，将来跟她一起出国深造的希望渺茫，而且身为独子的他也是答应了父母一毕业就回家乡青岛工作的。

有一次，真真含着眼泪对我说："我真想摆脱父母的束缚，毕业以后跟他远走高飞，但我也知道这不可能，也不现实，那样做对不起父母，也对不起我自己从小到大在学业上的努力。"

我对真真无比同情，为她第一次恋爱就如此艰难感到深深的难过，同时又觉得她确实不该在大学期间恋爱——这么优秀的女生，是应该在学业和事业上有自己的一片广阔天地的。而且我也实在想不出，同龄的男同学里有谁能配得上这么优秀的她，我总觉得那个最适合她的人应该在未来的某个地方等着她。

大学毕业以后，我回天津工作，真真则作为交换生去了香港某大学数学专业攻读硕士研究生。

那时候我们都没有手机，家里的座机号码几经变换之后，我和真真最终失去了联系。最后得知的关于真真的消息是，她硕士毕业以后去了美国某大学攻读博士学位，圆满完成了她父母的夙愿。

这么多年过去，我很想知道真真过得好不好，可是又很怕知道。对于是否该努力再次跟她取得联系，我内心始终是一种非常复杂矛盾的情绪。我想，以真真的能力，她在事业上必然会一步步前行，最终达到辉煌的顶峰；而她跟那位政法学院的初恋男友，结局十有八九是分了手。那样的爱情，恐怕经不住多年两地分离的考验。后来的真真，是否遇到了生命里的 Mr. Right ？是否过着她想要的生活？她幸福吗，快乐吗？她是否还记得十几年前的大学里曾有一个无话不谈的闺蜜？是否还记得那年酷热的夏天，她带我去吃那道令我终生难忘的炸荷花？

那甜甜的滋味，我至今难忘。那荷花般美丽坚强的女孩，我也至今放在心底不曾忘记。

炸荷花

这道菜不仅有荷花的香甜，还有豆沙馅的甘甜、桂花糖的清甜，令人吃过之后唇齿留香，不忍释筷。

炸荷花的做法

食材：荷花瓣、豆沙、鸡蛋、面粉、糖桂花。

1 将荷花花瓣洗净，用洁净的布吸干花瓣上的水分。

2 取一片荷花花瓣，在上面均匀地抹上一层豆沙馅，再取一片大小相等的花瓣铺在豆沙馅的上面，对叠包好。

3 将鸡蛋清打散，再加入少量面粉，搅拌均匀。

4 锅内放油烧至三成热，改小火，将荷花片沾一层面粉，再挂上蛋糊下入油内炸，边炸边用筷子翻动，待浮起后捞出。全部炸好后改用中火，待油温烧至六成热，再将炸过的荷花花瓣投入重炸一下，炸至荷花片呈浅黄色时捞出装盘，再撒上糖桂花，便成为一道美味的炸荷花。

锅塌豆腐和豆腐盒子

花样百变的豆腐

“锅塌”是鲁菜里独有的一种烹调方法，这种方法可以烹制海鲜，可以烹制肉类，还可以烹制豆腐和蔬菜，其中最有名的就是锅塌豆腐。

细细品味豆腐盒子，你品尝到的不仅是豆腐的清香，还有春笋的爽脆、玉米的甘甜、青豆的酥脆、虾仁的鲜美……

我的童年正值20世纪80年代，那时物资还比较匮乏，米、面、鸡蛋、肉、鱼、牛奶等大多食品都是凭票限量供应的。爸爸说，妈妈生我的时候，坐月子吃的鸡蛋还是从乡下姥姥家要来的，结果还被奇葩邻居借去几个，而所谓的“借”，自然是有借无还的。

那时候的冬天里，白菜、土豆、豆腐是主要的副食品，每天餐桌上就是那几样菜。我在幼儿园学的儿歌里，就有一句“豆腐白又嫩，营养最丰富”的歌词，虽是一种自我安慰，但其实也颇有道理。

那磨得嫩嫩的卤水豆腐，不仅价廉而且味美，炒菜、凉拌、做汤都非常好吃，同时它还是优质的补钙佳品。在营养品缺乏的年代，爸爸时常告诉我“吃豆腐才能长高”。所以从小到大，我都很喜欢豆腐烧制的各种菜肴，红烧豆腐、麻婆豆腐、香煎豆腐、豆腐鲫鱼、酸辣豆腐汤……不管怎样烹制出来的豆腐，我都是百吃不厌的。

到济南读书后，食堂里的各种豆腐也没少吃，但真正地道的鲁菜里的豆腐，还是大四那年在大众日报社实习，跟着带我的记者老师去吃的。

我是大三那年从汉语言文学专业转入中文系新成立的新闻专业的，算是该专业的第一批“元老”。大四上学期，我们要进行整整一个学期的实习，全专业的二十名学生全部都来到大众日报社，开始了自己为期四个月的“记者生涯”。

带我的老师是位资深记者，也是地道的济南人，最重要的是，他也毕业于山大，虽与我不同系，也算是师兄了，因此对我很是照顾。师兄每次带我去采访，回报社交完稿若赶不上食堂的饭点儿，都会带我去附近的一家餐馆吃饭。那是一家特别地道的山东菜馆，由老板夫妻俩经营多年，人气很是火爆，吃饭时总要等位子。因是熟客，我们每次都能在最短时间内等到位子。而他家的菜，我最喜欢的两道都与豆腐有关。

一道是锅塌豆腐。

“锅塌”是鲁菜里独有的一种烹调方法，这种方法可以烹制海鲜，可以烹制肉类，还可以烹制豆腐和蔬菜，其中最有名的就是锅塌豆腐。做锅塌豆腐这道菜，讲究的是程序和火候。豆腐要提前腌制一下，再蘸蛋液，之后用油煎，最后放入鸡汤微火塌制，因此十分入味。做好的锅塌豆腐呈金黄色，把它们整齐地摆在盘子里，外观很是漂亮。我第一次吃这道菜就爱上了它的鲜香味道，以至于以后几乎每次来这家餐馆都会点这道菜。

对鲁菜颇有研究的师兄告诉我，早在明代，济南就出现了锅塌豆腐这种做法，此菜到了清乾隆年间荣升为宫廷菜，后来传遍山东各地，又陆续传入天津、北京、上海等地。

后来我回天津工作，也吃到过用锅塌做法烹制出来的豆腐，有的厨师还对之加以改良，在两片豆腐之间夹入肉馅煎炸，这道菜就变成了“锅塌豆腐盒”。不过我总觉得跟地道的鲁菜还是有一些区别的。也许厨师不同，即便用同样的方法烹制出的菜肴也会口味迥异，又也许境况不同，品菜时的心情也大不同了吧。

另一道是豆腐盒子。

这是鲁菜中做法极为复杂的一道菜，成菜外形美观，内容丰富，味道也令人惊叹。在这道菜里，豆腐如同一只宝盒，里面包裹着各种你预料不到的神奇美味。细细品味，你品尝到的不仅是豆腐的清香，还有春笋的爽脆、玉米的甘甜、青豆的酥脆、虾仁的鲜美……品尝如斯菜肴，你内心恐怕会生出一丝疑惑，怀疑自己吃到嘴里的究竟是不是一道豆腐菜。

一次师兄带我去吃饭时已是下午两点多，客人比较少，老板娘不太忙，于是就坐在临近的桌子旁跟我们聊天。老板娘听说我喜欢这道豆腐盒子，便兴高采烈地用地道的济南话讲起了这道菜的做法。不听不知道，一听吓一跳，那繁复至极的做法把我惊住了，立时觉得那略有点小贵的价格其实也是物有所值。可以说，豆腐盒子是一道非常考验耐心的良心菜，不仅用料讲究，而且煮、蒸、煎、炒等多种烹饪手法都依次运用其中，令人叹为观止。

吃这道菜时，我常常会想起《红楼梦》里刘姥姥进大观园时，吃了贾府烧制的那道“茄鲞”后，不相信那道菜的原料竟然是茄子，而当她听凤姐讲了那茄子异常复杂的做法后，不由感叹:“我的佛祖，倒得十来只鸡来配它，怪道这个味儿。”我想，真正想吃茄子的人，是不会那样做茄子的。而真正想吃豆腐的人，可能也不会这样大费周章地去做一道豆腐菜吧！在餐馆里吃这道豆腐盒子，吃的已然不是豆腐，而是一种饮食文化了。

说起豆腐，还要提一下胶东半岛另一种较为普遍的豆腐菜肴——菜豆腐。

胶东地区特别热衷于蒸、煮这样的烹饪方法，不仅在烹制海鲜上如此，在做豆腐菜上也是如此。

这里家家户户很喜欢做的一道菜，就是菜豆腐。将豆腐捏碎后，再将青菜叶子切碎，青菜可以是白菜、油菜、莜麦菜、茼蒿、萝卜缨子，或各种应季的山野菜。将豆腐碎末儿和青菜碎末儿加盐后均匀地拌在一起，放入蒸锅用大火蒸，蒸熟后再加些香油，就是美味的菜豆腐了。如果蒸制的时候不在豆腐里加盐，那么在吃的时候就将菜豆腐蘸着生抽来吃，也是可以的。

还有一种制作菜豆腐的方法，不用蒸而用炒。锅内放少许花生油，将捏碎的豆腐和切碎的青菜下锅翻炒，炒熟后加盐即可出锅。如果喜欢吃炒制菜肴，可以选择这种方法来烹饪。

跟锅塌豆腐、豆腐盒子相比，菜豆腐的制作方法算是非常简单了，更加适合家常烹制。这道菜里，豆腐和青菜兼而有之，二者互相映衬，不仅外观让人看着非常有食欲，而且吃起来也特别爽口，摆在大鱼大肉之间，如同小家碧玉一般，格外惹人喜爱。此外，因为没有或极少有食用油的参与，这道菜豆腐特别健康，可谓老少咸宜，因此受欢迎也就在情理之中了。

锅塌豆腐

做好的锅塌豆腐呈金黄色，把它们整齐地摆在盘子里，外观很是漂亮。

锅塌豆腐的做法

食材：豆腐、盐、生抽、面粉、鸡蛋、葱、姜、料酒、高汤、盐、虾子。

1 把豆腐切成大小均匀的片，加盐、生抽腌制十分钟，将腌好的豆腐放入面粉中蘸匀，再蘸上一层蛋汁备用。

2 炒锅加油烧至五分热，下豆腐片炸至金黄，捞出沥油，并修去不规整的蛋衣。

3 锅内倒入少许油，大火烧热，下葱花、姜末儿爆香，依次下料酒、高汤、盐、虾子、豆腐，再将豆腐翻面便可出锅装盘，盘底可以垫生菜叶作为装饰。

小贴士

1 豆腐放入锅中后一定不要急着去翻动，等底面煎黄了晃动一下锅再翻面，以免将豆腐弄烂。

2 后面的制作不需要再加盐了，因为腌制用的盐已经够了。

豆腐盒子的做法

食材：春笋、卤水老豆腐、活虾、盐、料酒、淀粉、青豆、玉米粒、海鲜酱。

1 将剥好的春笋煮两三分钟，捞出沥干水分后切成小丁，卤水老豆腐切成小块备用。

2 锅内加油烧热，将豆腐块放入锅中，煎到表面呈金黄色。

3 把煎好的豆腐装盘，用勺子在豆腐当中挖个洞，注意千万不要把豆腐挖穿了。

4 活虾剥壳，用少许盐、料酒和淀粉腌制一会儿，然后入油锅滑炒至表面变红，捞出备用。

5 用滑炒虾仁的余油煸炒青豆和玉米粒，然后把春笋丁倒入，翻炒均匀。

6 把处理好的虾仁倒入，加一勺海鲜酱一起翻炒均匀后出锅。

7 把炒好的馅料填入豆腐盒子中，入蒸锅大火蒸十分钟左右。

8 蒸好后盘子里会有些汤水，把这些汤水倒在干净的锅子中，放入少许海鲜酱，调个薄点的水淀粉芡汁，勾个玻璃芡（芡汁中最稀的一种，使菜的汤汁略稠，一般用于白汁类菜肴），浇在豆腐盒子上。

奶汤蒲菜
大明湖里有珍馐

选取肥鸡、肥鸭和猪骨一起煮汤的工艺，并适当地加入鸡肉泥，吸收汤里所有的杂质，于是便有了“清汤”。在“清汤”里再放入骨头一起熬，使骨髓溶入汤中，就成了色泽乳白、鲜香味浓的“奶汤”。

在人们的印象中，鲁菜似乎应该是口味比较重、色泽比较深的，其实不然。

鲁菜之中固然是有浓墨重彩的菜肴，比如红烧大虾、糖醋鲤鱼、九转大肠等，但色泽清爽、味道恬淡的菜肴也不胜枚举，除了以蒸煮为主要烹饪方式的胶东菜系外，济南菜里的奶汤蒲菜可谓其中翘楚。

蒲菜是香蒲科水生宿根草本植物的一种，其叶鞘抱合而成的假茎可食。蒲菜具有清热解毒、凉血、利水和消肿的功效，非常适合夏季食用。事实上，蒲菜在古时候就已入菜，《诗经》中就有“其蔌维何，维笋及蒲”的诗句。南齐诗人谢朓在《咏蒲》一诗里也有描述：“离离水上蒲，结水散为珠。……初萌实雕俎，暮蕊杂椒深。”这些诗句不但证明了中国人食用蒲菜有悠久的历史，而且说明蒲菜自古就是一种非常名贵的蔬菜。

济南著名的大明湖是由济南众多泉水汇集而成，湖中所产蒲菜是济南特产之一，呈白色，又脆又嫩，是烹调佳品。《济南快览》中说：“大明湖之蒲菜，其形似茭白，其味似笋，遍植湖中，为北方数省植物菜类之珍品。”评价实在是再高不过了。

山大校友、当代著名诗人臧克家写过一篇脍炙人口的散文《家乡菜味》，里面就提到了蒲菜。他在文中写道：“大明湖里，荷花中间，有不少蒲菜，挺着嫩绿的身子。逛过大明湖的游客，往往到岸上的一家饭馆里去吃饭。馆子不大，但有一样菜颇有名，这就是蒲菜炒肉……写到家乡的菜，心里另有一种情味，我的心又回到了故乡，回到了自己的青少年时代。”

文中提到的蒲菜炒肉，是蒲菜较为家常的做法，蒲菜和肉快火炒好后摆在盘子里，红绿映衬，煞是好看。而奶汤蒲菜则是蒲菜更为高端的烹饪方法，是用奶汤和蒲菜烹制成的佳肴，清淡味美，脆嫩鲜香，有“济南汤菜之冠”的美誉。奶汤蒲菜早在明清时期便极有名气，至今盛名犹存。

这道菜属于济南风味菜。济南风味菜更注重使用高汤调味，也就是人们所说的用“清汤”和“奶汤”调味，如“清汤银耳”“奶汤鱼翅”“奶汤鳜鱼”“奶汤蒲菜”“清汤蝴蝶海参”等，都是享誉全国的鲁菜名品。

汤料入馔佐味，历史相当长久。公元6世纪，山东高阳太守贾思勰所著的《齐民要术》里，在谈到山东民间烹饪技艺时就有以下文字：“捶牛羊骨令碎，熟煮，取汁，掠去浮沫，停之使清。”其实，这就是后人所说的“清汤”和“奶汤”的前身。经过多年烹饪技艺的发展，当地厨师们总结出一套选取肥鸡、肥鸭和猪骨一起煮汤的工艺，并适当地加入鸡肉泥，吸收汤里所有的杂质，于是便有了“清汤”。在“清汤”里再放入骨头一起熬，使骨髓溶入汤中，就成了色泽乳白、鲜香味浓的“奶汤”。

我在山大读书时，本来是没机会吃到奶汤蒲菜这种高档菜肴的，直到大四去报社实习，跟随带我的记者老师参加了几次宴请，才有幸吃到这美誉度颇高的济南名菜，而吃过一次之后便久久难忘其鲜美滋味。

后来离开济南，便再没了品尝这道菜的机会。毕竟大明湖只有一个，蒲菜的产量也是非常有限的吧。

奶汤蒲菜

奶汤蒲菜是用奶汤和蒲菜烹制成的佳肴，清淡味美，脆嫩鲜香，有『济南汤菜之冠』的美誉。

奶汤蒲菜的做法

食材：蒲菜、苔菜花、冬菇、火腿、葱、奶汤、盐、姜汁、葱椒绍酒、味精。

1 将蒲菜剥去皮，削去后梢，苔菜花去皮去筋洗净，均切成长 3 厘米、宽 1 厘米、厚 0.2 厘米的片。水发冬菇切成 0.2 厘米厚的片，火腿切成长 2.5 厘米、宽 0.8 厘米、厚 0.3 厘米的片。

2 锅内加入清水烧开，将蒲菜、苔菜花、冬菇分别放入水焯一下，捞出沥干水分。

3 炒锅内放入葱油，中火烧至四成热时，倒入奶汤烧开，放入蒲菜、苔菜花、冬菇、火腿、盐、姜汁，滴入葱椒绍酒，放少许味精，沸后盛在汤碗内，即成。

小贴士

1 蒲菜应提前用清水浸泡三至四小时，焯水时，等水沸腾后再下蒲菜，一焯即捞出。

2 葱椒绍酒是济南菜中特殊的调味品，是将葱白、花椒剁成泥用纱布包起来，放在绍酒中浸泡两小时，除去纱布包后的绍酒。葱椒绍酒在烹制时宜少不宜多，过多不仅影响菜肴的汤色，而且影响其新鲜的口感。

3 取大葱的葱白切成大片，入油炸出香味，捞出葱白即为葱油。

4 蒲菜本身并无鲜味，因此在烹制过程中必须用奶汤烹制，使蒲菜充分吸收其鲜味。

玫瑰梨丸子 让人无法忘怀的清香

济南的平阴县素有“玫瑰之乡”的美誉，不仅盛产玫瑰，还有可口的美味——玫瑰梨丸子。它采用当地的大青梨为主要原料，用这里产的玫瑰花制成的糖馅作辅料，味道香甜可口，营养丰富。

我从来没有见过她，却没有办法忘记她。

大一那年春天，一位在《齐鲁晚报》当编辑的师兄到山大中文系约稿，想找一名一年级学生写篇散文，描述自己高三时的拼搏经历，以激励广大即将参加高考的高三学生。辅导员得知我在高中时代曾在报刊上发表过文章，于是让我担此重任。

我用了一个晚上的时间写了一篇千字左右的散文，尽量用正能量满满的词句激励正身处“水深火热”之中的高三学子们。文章于一周后见报,然后我很快就忘了此事。

大二开学后没多久，我收到了一封奇怪的信。信封上收信人的地址非常简单，用陌生的字迹写着寥寥几个字：山东大学中文系，然后就是我的名字。没有年级、没有信箱号，最后居然也辗转到了我的手里。而右下角寄信人的地址也是陌生的，来自济南下辖平阴县的一所中学。

我好奇地打开信纸读完，才知道写信的是一个名叫小华的高三女生，她上高二时在《齐鲁晚报》上读了我的文章后，便留下了那张报纸。升入高三后，一向成绩平平的她更加困惑和迷惘，看不到前面的路，只能每天埋头在题海里浮浮沉沉。于是她想到了写信向我求助。“姐姐，我从你的文章里能读出你的自信和乐观，也知道你是经历了痛苦的抉择和拼搏之后才考入了那么好的学校，但是我觉得我再怎么努力也看不到希望，每次月考，成绩在年级里总是排到了一百名开外，这就意味着我不可能考入本科院校。我觉得特别痛苦,有时候甚至想过一走了之,可那样又对不起对我寄予厚望的父母……”

读罢这封信，我心情非常沉重。我知道在山东，高考是真正意义上的“独木桥”，能从这桥上走过去顺利抵达彼岸的，都是特别出类拔萃的考生，稍微平庸一些的都会被挤下去随波逐流。而对于很多考生来说，高考落榜，就意味着要么复读，要么从此走上打工之路，人生的境遇与考上大学的同学，从此也就大不同了。

然而除了鼓励的话语，我还能说些什么呢？那天晚上，我认真地给小华回了信，告诉她，不管怎么样，也要努力地拼一次，不仅仅是为了父母，更是为了自己。无论高考结果如何，都应该让自己拥有一个问心无愧的青春。

济南市区寄信到平阴县，一两天的时间就能到，所以没过几天我就收到了小华的回信。她在信中说，对于我能顺利收到信并给她回信，她特别开心，而对于我的鼓励，她觉得很有道理，表示会继续努力奋斗，给自己的高中生涯一个交代。

我就这样和比我小两岁的女孩小华开始了信件往来。小华学业繁重，因此我们通信并不频繁，保持着一个月每人写两三封信的频率。为了不耽误她的学习，我每次收到信后也会缓几天再给她回信。通常是小华讲述这段时间的学习情况、班里发生的事情、跟父母的相处情况等，我则给她描述我在大学里参加的各种活动，参加社团、听讲座、艺术节比赛等，都是她特别愿意知道的。我想让她对大学生活有一些憧憬，也许更能激发她拼搏的勇气吧。

大二寒假结束回到学校，我收到了小华寄来的一个包裹。封得严严实实的纸盒子，用剪刀拆了半天才拆开。里面居然是吃的！

“姐姐，这是我们平阴的特产——玫瑰梨丸子，是我妈妈今天炸的，我赶紧寄给你。我们这里并不是每家都会炸这个，因为做法有点儿复杂。我妈妈以前在饭店给人帮过厨，所以学会了。你尝尝，很好吃的……”

我打开袋子，看见里面是几十个外形似毛栗状的金黄色丸子，咬一口，外皮酥脆，内里软嫩，梨味浓郁，还有些许玫瑰香味，真的好吃极了，一大兜梨丸子很快就被我和舍友瓜分了。

我和小华继续保持着书信联系，直到夏季来临、高考结束了，然后小华从我的世界里消失了。我不知道她高考的情况，也没有她家的地址，只能在焦虑中等待她主动联系我。

这一等就是将近半年。

大三那年的冬天，我终于收到了小华的来信，信封上的寄信地址是济南一所不知名的高校。“姐姐，别奇怪你没听说过这个学校，这是一所民办高校，在离市区很远的郊区。我终归还是没有勇气复读一年,所以来到了这里。给你写这封信也是犹豫再三，怕你对我失望。我没有写具体的院系地址，就是希望你不要再跟我联系了。我在这里一切都好，我会努力学习的。未来的一切，只能听天由命了……”

放下小华的信，我比当初收到她的第一封信时心情更加沉重。我知道这是她写给我的最后一封信了，而我甚至无法回信，也无法找到她，无法给她任何鼓励和帮助。我不知道她能否适应新的环境，能否重新振作起来。但我愿意相信她，相信她说的她会努力。那么随和热情的女孩，她应该拥有更好的人生。

大四时在大众日报社实习，我给日报的副刊写了一篇散文，记述我和小华的这一段经历，希望她看到文章之后能跟我联系。然而小华并没有联系我，不知是没有看到，还是确实不想再让我知道她的消息了。直到我大学毕业，也没能再收到她寄来的只言片语。而我毕业后，她再跟我联系已是不可能了。

这么多年过去，我还是忘不了那个女孩，很想知道她后来怎么样了，现在过得好不好。我还会想起那玫瑰梨丸子的清香，想起她在信里说："姐姐，以后你一定要来我家做客，尝尝刚出锅的梨丸子，那才是真正的好吃呢……"

小华，你说的话还算数么？

玫瑰梨丸子

几十个外形似毛栗状的金黄色丸子，
咬一口，外皮酥脆，
内里软嫩，梨味浓郁，
还有些许玫瑰香味。

玫瑰梨丸子的做法

食材：梨、面粉、猪板油、橘饼、核桃仁、玫瑰酱、青红丝、芝麻、白糖、芝麻油、绿豆粉。

1. 梨子削皮，切成薄片，再切成细丝，将切好的梨丝放入盆内和面粉搅拌均匀。
2. 将备好的猪板油去皮、筋，用刀抹成板油泥，再把橘饼、核桃仁等剁成碎末儿，放入玫瑰酱、青红丝、芝麻、白糖、芝麻油等拌成馅，做成直径两厘米左右的丸子馅。
3. 将丸子馅用梨丝包起来，团成直径四厘米的丸子。把做好的梨丸子滚上一层干绿豆淀粉，然后放入烧热的油中，不断搅动直至炸透。
4. 捞出炸好的丸子，控净油后即可装盘。

小贴士

1. 要选择水分较少、脆嫩无渣的梨。
2. 加入的馅料要适当，味以梨的清香为主，尤其是加入玫瑰酱的量要恰到好处。

地瓜干和萝卜干
带着阳光味道的美食

那地瓜干有地瓜的甜美与芳香，但口感跟烤地瓜的软糯又截然不同，十分筋道，又有些许弹性，非常耐嚼，需要一点一点仔细咀嚼才能嚼烂。

不久前，一位闺蜜说想吃地瓜干，我忽然想起家中的冰箱里还有一包从山东婆婆家带回来的地瓜干，因为我近来牙不好没勇气吃，便都送给了她。没想到她吃过之后赞不绝口，说比她之前从网上买的地瓜干美味多了，恳求我以后每次去山东都带地瓜干给她吃。

地瓜就是红薯，在地域广袤的山东省，不管什么地区，地瓜都是一种非常重要的农作物。据婆婆讲，他们小时候，白面只有在过年的时候才能吃到，玉米面窝头、蒸熟的地瓜才是平日里的主食。在吃不饱的岁月里，地瓜更是担当了让人们果腹的重任。当然，地瓜还可以做菜，比如前面提到过的拔丝地瓜。

如今人们提倡吃粗粮，地瓜又被抬到了很高的地位。街边的烤地瓜香气扑鼻，大人小孩都爱吃。在山大读书的时候，每次从学校正门出来，都有一个大娘推着车子在门口售卖烤地瓜。闻见那诱人的香气，我总会忍不住买上一个,一边走一边吃。有时宿舍里的同学有出校门的，也会拜托她们带一块烤地瓜回来。在寒冷的济南的冬天里，一边闻着烤地瓜的香气，一边吃着那甜甜糯糯、冒着热气的地瓜，真是最值得回味的一桩美事。

每年冬天，班里山东同学的家人都会寄晒好的地瓜干到学校，通常都是很大一包，里面除了地瓜干，还有家人的爱与思念。独乐乐不如众乐乐，那时候我们不管各自家里寄来什么样的美食，都会跟同学们一起分享。地瓜干寄到，大家分而食之，吃得不亦乐乎。那地瓜干有地瓜的甜美与芳香，但口感跟烤地瓜的软糯又截然不同，十分筋道，又有些许弹性，非常耐嚼，需要一点一点仔细咀嚼才能嚼烂。那地瓜干是经过阳光暴晒而成的，因此在咀嚼的过程中，品尝到的不仅是地瓜的甘甜滋味，更有阳光的温暖味道。

这种地瓜干，是蒸熟后切片晾晒制成的。

秋天是很多农作物收获的季节，也是地瓜收获的季节。听山东的同学说，刚收获的地瓜因淀粉含量高，所以不能立刻晒制成地瓜干，不然晒好后的口感不佳，甜度也不好。在地窖里存放上一段时间以后，地瓜中的淀粉大部分转化为多糖，这时就可以开始制作地瓜干了。

农民们首先会挑选个头大的地瓜蒸熟。掌握好蒸地瓜的火候是一门学问——要将其完全蒸熟，又不能蒸得太软以免不好切片。把蒸熟的地瓜剥皮，而后竖刀切成厚度一厘米左右、手掌大小的地瓜片（也可以按照个人喜好切成宽度厚度都是一厘米左右的地瓜条），搁置在网纱上，在阳光充足的日子里放到户外暴晒，使其中的水分完全蒸发。晒上三到四天，地瓜干就制作完成了。

晒好的地瓜干，装进干净的袋子，放在阴凉通风的房间里，能保存好几个月不失其原味。不过，存放时间较长的地瓜干会越来越硬，吃之前放入蒸锅内蒸十分钟左右，就会重新变成有弹性、口感好的地瓜干，一如刚制成时的味道。当然，如今有了冰柜、冷库，地瓜干的保存比以前容易多了，存上一年也不会变质。由于存放时的温度较低,地瓜干上面会出现白霜。没吃过地瓜干的人，乍一看地瓜干上面的白霜,还以为是地瓜干坏掉了。其实，地瓜干若是发霉变质，会变成绿色或者褐色。有了白霜的地瓜干并没有变质,照样可以吃,丝毫不会影响它的口感。

除了上面说的这种地瓜干外，还有另外一种地瓜干，也是山东常见的，其制作方法跟上述这种做法正好相反——将生地瓜不进行蒸制直接切片，在阳光下晒干保存，想吃的时候再蒸熟食用。这种地瓜干跟前一种的味道全然不同，不再是那种有弹性的口感，而是吃起来面面的，很像板栗的味道，嚼起来一点儿都不费劲。两种地瓜干可谓风格各异，各有千秋，都可以当作休闲零食随时品尝。我个人更喜欢蒸熟后晒制的地瓜干，闺蜜喜欢的也是这一种。

不过，用生地瓜晾晒的地瓜干，因其蒸熟后面面的口感，还可以做成馅儿，蒸成地瓜干包子吃。地瓜干蒸熟后切碎，再用擀面杖擀成细细碎碎的馅儿，掺入适量水，揉成一个个圆圆的拳头大小的地瓜干丸子。发好的面擀成皮，包上地瓜干丸子，上笼屉蒸熟就是美味的地瓜干包子了。其味道跟豆沙包相似，但比豆沙包多了地瓜的清香，其甜味儿也不是豆沙那种加入白糖后的甜腻，而是地瓜天然的清甜，因此更加美味和特别。

晾晒这种制作工艺，在山东省是很常见的，不仅见于地瓜，还常见于一些腌菜的制作。

在胶东半岛，最常见的一种腌菜就是青萝卜干，当地人叫它“萝卜简儿”（当然很可能不是这个“简”字，只是我实在找不到同样发音里更贴切的字了）。

青萝卜大量上市的时候，几乎家家户户都会制作萝卜干。将青萝卜斜刀切成薄片，片与片之间并不切断，而是多少要有一些牵连，然后在每片萝卜上并排切上几刀，也并不切断，随后放入盆中，均匀地撒上盐腌制。大约半天的时间，萝卜就腌制好了。把腌制好的萝卜挤掉多余的水分，一串串地挂在有阳光的户外，也是晾晒三四天，就晒好了。没有阳光的日子，还可以把萝卜串放在暖气上烘烤，最终的效果也是一样的。

晒好的萝卜干可以装入保鲜袋，放在冰箱里保存很久。想吃的时候拿出一串来，在水中泡半个小时左右，认真清洗，再挤干里面的水分，按照当初刀切的方向撕成一条条的萝卜条，放入碗中，加生抽、蒜瓣、香油、辣椒面，搅拌均匀后放入冰箱，搁置一小时左右以便入味，之后便可随时取来食用。

这样制成的萝卜干清脆可口，滋味独特，是早餐或晚餐时非常受欢迎的一道小菜。喝粥的时候，我尤其喜欢搭配这种萝卜干来吃，那脆生生的口感和咸辣混合的味道，能让人在不知不觉间多喝下一碗粥呢。

地瓜干

地瓜干是经过阳光暴晒而成的，
因此在咀嚼的过程中，
品尝到的不仅是地瓜的甘甜滋味，
更有阳光的温暖味道。

把子肉

蓝颜知己，大快朵颐

把子肉是采用上好猪五花肉烹制而成的美味佳肴，它的口感肥而不腻，跟北方的红烧肉有着异曲同工之妙，却又因多了腌制的过程而更加入味，有了煎炸的程序而更有嚼头。

大二下学期，我的古汉语史无前例地挂科了。

这事得怨我自己。那个学期的古汉语课成绩，是期中考试和期末考试两次成绩的综合。而期中考试的那天，是济南实行夏令时的第一天，我忘记了调整时间，以至于午睡时睡过了头，同宿舍的舍友跟我又不是一个班，并不知道我当天下午有考试，于是睡过头的结果就是，当我走进教室的时候大家已经开始答卷半个小时了，我只好匆匆拿了试卷胡乱地填满，最后还是有两道题没有答完。

期中考试自然没能通过，印象中似乎只得了四十几分。期末考试之前我不敢懈怠，认真备考，然而那次的题目出奇的难，最终我只考了七十几分。两次考试的成绩各占总成绩的百分之五十，结果我的总成绩还是没能及格。那个学期，号称中文系“四大名捕”之一的古汉语老师，成功地让全年级近三分之一的学生都挂了科。

虽说不及格的同学人数众多，但这并没能给我丝毫安慰。一是因为从小到大我的语文成绩一向在班级乃至年级里名列前茅，语文挂科这种事对我来说简直就是奇耻大辱。二是因为我的父亲就是古汉语方面的专家，从小耳濡目染，我也一向自诩文言文学得比同龄人略胜一筹，大学里更是没把古汉语这门课放在眼里，没想到最后居然会在阴沟里翻了船。

成绩公布那天，我心情极度糟糕，买了两罐啤酒，在夕阳西下的校园小树林里喝闷酒，结果被班里一个准备去上晚自习的男生看到了。那男生走过来跟我说：“喝闷酒呢？一个人喝有什么意思啊？”我说：“你怎么知道我喝的是闷酒？”男生笑着说：“因为我的古汉语也挂科了啊。”

那天傍晚，我跟这位同病相怜的仁兄一起去了校门口的一家小饭馆，两人一边同仇敌忾地控诉“惨无人道”的古汉语老师，一边喝了好几瓶当时济南最流行的趵突泉啤酒，郁闷的心情也随着酒肉穿肠过而烟消云散。而我们的下酒菜，就是济南特别有名的一道美食——把子肉。

把子肉是采用上好猪五花肉烹制而成的美味佳肴，它的口感肥而不腻，跟北方的红烧肉有着异曲同工之妙，却又因多了腌制的过程而更加入味，有了煎炸的程序而更有嚼头。把子肉的肉汤里还可以放入多种菜品，如海带结、素鸡片、豆腐干、四喜丸子、虎皮鸡蛋、面筋，等等。把炖好的把子肉与这些浸润了肉汤的配菜盛在一起，吃起来会有种幸福的感觉。

关于把子肉，还有非常有趣的传说。相传东汉末年，天下大乱，刘备、关羽、张飞三人，彼此惺惺相惜，决定拜把子。张飞是屠户，主要屠猪。哥儿几个拜完了把子，就把猪肉、萱花、豆腐放入一个锅里煮。到了隋朝时，鲁地的一位名厨将此做法进行了完善，精选带皮猪肉，放入坛子里炖，靠秘制酱油调味，炖好的把子肉肥而不腻、瘦而不柴，色泽鲜亮，入口醇香，价格公道，深受老百姓喜爱。这样的做法和刘关张拜把子的传奇相结合，成就了今天的把子肉。

把子肉通常被切成长方形的大块，用酱油、八角在高筒瓦罐中炖熟。火候到了，一启封便香气四溢。把子肉虽由浓油赤酱熬制，却并不咸，刚好用来下饭。而一口饭一口肉的搭配，恰好把米香与肉香融合在了一起，可谓天生绝配。

那是非常难忘的一顿饭，啤酒喝得痛快，把子肉也吃得淋漓尽致，跟这位男同学从不太熟悉到最后几乎成了知己，就差拜把子了。

生活中就这样多了一位异性好友，也算是那次挂科后的因祸得福吧。

关于“男女之间是否有纯友谊”的争论，一直以来都没有停歇过。我对此总是持肯定态度的，原因无他，我自己就拥有来自男性友人的绝对纯洁的友谊。那是真正意义上的“蓝颜知己”，是在我顺利的时候为我高兴，在我悲伤的时候为我鼓劲儿，在我遇到困难时帮我分析利弊得失，希望我一直健康幸福并且永远不会将这份友谊改变为其他性质的人。

我的这位男同学就是其中之一。这些年，也曾很长一段时间失去联系，但联系上之后的每一次通话，都会关心对方的生活状况，对彼此的幸福与遗憾感同身受。有了微信以后，同学们联系起来更加方便。我在朋友圈里发的各种状态，他每次看到都会不遗余力地点赞或评论，甚至有时能将评论区生生地变成聊天区。这跟我的女闺蜜们何其相似，其实唯一的区别也仅仅是性别上的不同而已，甚至还少了女孩之间无意中会有的攀比之心。

现在回想起来，我就是那次爱上了把子肉。之前也曾见同学捧着一碟把子肉大快朵颐，但那肉块真是大，看上去总是感觉有点腻，因此一直缺乏去尝试的勇气和心情。而一旦真正品尝过后，才知道原来把子肉能够成为济南名吃,果然是具备了强大实力的。那细致嫩滑的肉质，那肥而不腻的口感，吃起来口口留香，回味悠长，哪怕单是让人想一想都会流口水。

此后的大学生活里，也多次与这位蓝颜知己以及其他友人一起举杯小酌，把子肉作为下酒菜，也吃了不知多少回。我最喜欢的搭配是，一块把子肉配一只虎皮鸡蛋外加一大块豆腐干，鸡蛋和豆腐干都是用把子肉的肉汤煨了很久的，散发着浓浓的肉香。再加上一碟青菜和一碗白米饭，便是特别解馋的一餐了。

很多年后，一次去威海的路上，在高速公路的服务区，我无意之中见到了阔别多年的把子肉。要上一块肉、一只虎皮鸡蛋和一块豆腐干，吃起来竟然有种热泪盈眶的冲动。只是遗憾没有米饭，只能要了一碗面条来配，少了饭香与肉香混合在一起的那种独特口感。当然，少了的不只是美味的口感，恐怕还有年少时那种对一切挫折都无所畏惧的勇气，以及面对任何困难都愿意披荆斩棘的斗志。

把子肉

把子肉通常被切成长方形的大块，用酱油、八角在高筒瓦罐中炖熟。火候到了，一启封便香气四溢。

把子肉的做法

食材：五花肉、老抽、白糖、姜片、大葱、花椒、八角、小茴香、香砂、桂皮、良姜。

1 把新鲜的带皮五花肉切片，大小、厚薄可根据个人喜好来定，但最好不要太厚以免难以入味。

2 切好后的肉用酱汁腌制，时间最好不要低于 2.5 小时，但也不要超过 24 小时。酱汁主要以老抽和白糖为主料，根据个人口味适量调和老抽和白糖的比例，喜欢甜的可增加白糖比例（调和酱汁时可尝一尝）。酱汁的多少根据肉片多少定量，一般让酱汁能够均匀地遍布肉片为宜。

3 将腌制好的肉片从酱汁里捞出，放到阴凉的地方晾一下，但注意不能放到阳光下晒，晾干的程度为酱汁在肉片上形成一层薄膜为宜。腌好肉片的酱汁千万不要倒掉，留存备用。

4 把腌制好的肉片放到油锅里用热油炸一炸，炸至三到五成熟即可。炸过的肉片吃起来肥而不腻。

5 将锅烧热，倒入食用油烧热，放入切好的姜片、大葱、花椒、八角，炝一下，然后将腌制肉片剩下的酱汁倒入锅里熬一会儿（如果剩下的酱汁不够用可继续添加老抽和白糖），沸腾后加入适量的水和香砂、桂皮、良姜等佐料，卤汁成。

6 把炸好的肉片放入烧沸的卤汁里，用小火炖熟为止（一般两个小时即可）。如果炖肉的容器选择高筒瓦罐，则会更加美味。

小贴士

1 五花肉要选用上等的，这样肥瘦相间，吃起来更爽口。

2 配菜可以根据喜好自行搭配，一般豆制品会特别入味。

鲅鱼的N种吃法

胶东人最爱的经济鱼类

鲅鱼不仅肉质细腻、味道鲜美，而且营养丰富，更为可贵的是，鲅鱼物美价廉又能一鱼多吃。

我从小就爱吃鱼。爸爸说，鱼含的优质蛋白质非常丰富，爱吃鱼的孩子都很聪明。也许正因为这个缘故，我才能从小学到大学一路重点念了下来。

我一直对河鱼喜爱有加，总觉得较之海鱼，河鱼的肉更加鲜嫩肥美。然而多年后我才明白，之所以会有那样的想法，完全是因为小时候能够吃到的海鱼品种实在有限，左右不过是带鱼、平鱼这两样，对海鱼的成见也就根深蒂固了。

后来去山东读大学，有机会来到了胶东半岛才知道，能吃的海鱼居然有那么多种——带鱼、鲈鱼、偏口鱼、大黄花、小黄花、鲞鱼、鱿鱼、墨鱼、石斑鱼……以及胶东半岛家家户户都特别喜爱的鲅鱼。

鲅鱼的学名叫马鲛，俗称还有板鲅、竹鲛、尖头马加、青箭等。它的种类非常多，常见的有中华马鲛、蓝点马鲛、康氏马鲛。鲅鱼最长可达 1 米，重 20 千克，不过我们平常吃到的都是几十厘米长的小鲅鱼。

第一次吃到红烧鲅鱼，是大二那年跟几个同窗好友去青岛旅行，其中一位好友家就在青岛，自然担当起了“地导”的角色。她带我们去吃的青岛第一餐，其中就有这道红烧鲅鱼。吃了第一口，我们立时被那种鲜香的味道惊艳到了，很快将一大盘子鲅鱼一扫而空。

不同于其他鱼类需要整条进行烧制，鲅鱼因其肉厚不易进味，需要切成薄片进行烧制。油热后放入葱、姜、蒜、花椒、八角等大火煸炒，加水加盐后倒入鲅鱼块，炖至把汤收干即可出锅。烧制过程中，也可依照自己的口味加入各种调料，比如豆豉酱、蚝油、虾酱等。

还有一种做法是先将鲅鱼块腌制一会儿，炸成金黄色后再加入葱、姜、蒜、水和各种作料，大火三分钟收汤出锅。

两种做法各有千秋，味道都很鲜美。

五香熏鲅鱼也是胶东人非常钟爱的一种吃法。青岛那位同学的妈妈每年都会制作大量的熏鱼，每年寒假回到学校，我们都能吃到她从家里带来给大家分享的美味熏鱼。鲅鱼的鱼块因经过了腌制，不仅色泽艳丽，而且非常入味，有时候搭配两块熏鲅鱼，就能吃下一大碗米饭。于是每年寒假后返校，竟因为能吃到熏鲅鱼而有了一种别样的期待。

鲅鱼的烧制方法繁多，其中，鲅鱼丸子汤可谓别具一格、独树一帜。

婆婆家在位于胶东半岛的威海地区，鲅鱼丸子汤是婆婆家餐桌上的一道常见菜。鲅鱼丸子的做法也不难，去掉鱼头后，用不锈钢勺子将鱼肉刮下来，剁成肉泥后盛入碗中，加入料酒、葱姜末儿、五香粉等调料，再用筷子按同一方向搅动，搅动过程中还要不断加入适量清水，最后将鱼肉调制成比肉馅略稀的状态。锅内加水烧开，用勺子将鲅鱼肉一勺勺舀进锅内，待开锅后加入盐、香油，一大碗浓香鲜嫩的鲅鱼丸子汤就做好了。丸子汤是乳白色的，味道鲜香无比，丸子则入口嫩滑，松软而有咬劲儿，丸子与汤搭配在一起，可谓天衣无缝，相得益彰，美味无敌，非常开胃下饭。

有的人家做鲅鱼丸子汤的时候，还会加一点儿肥肉末儿，猪肉和鱼肉混合在一起，别有一番滋味。此外为了避免鱼腥，制作时除了加料酒外，还可以加入少许白糖。

在胶东半岛，当地人吃火锅也跟内陆人有所不同。虽也有牛羊肉、蔬菜这些大路货色，但海鲜占了相当重要的地位，很多鱼类、虾类都成为吃火锅时必备的菜品。同时，各家火锅店里也会准备新鲜的鲅鱼，有客人点鲅鱼丸子，店家就会给端上一盆刚刚搅拌好的鲅鱼肉馅，由客人自己待火锅汤开锅后，用勺子将新鲜鱼肉一勺一勺舀进汤内，现场自制鱼丸。这样的鱼丸，可比我们平时吃的火锅鱼丸成品高出了不知多少个段位——一来可知这是刚从鱼身上刮下来的新鲜鱼肉；二来鱼肉的原料一目了然，不似鱼丸成品那样里面掺杂了颇多淀粉和调料；三来还可以享受自己动手的乐趣，可谓一举多得。

鲅鱼可以做成丸子，自然也就可以做成馅料。鲅鱼饺子也是胶东人喜爱的美食之一，婆婆家自然也不例外。每年六月至九月是封海期，待十月开海后，各种鱼类大量上市，鲅鱼饺子便频频出现在餐桌上。

以鲅鱼为馅料制成的水饺，味道鲜美、独具特色。因里面混合了一定比例的五花肉，因此同时具备鱼肉的鲜和猪肉的香，通常还要放入韭菜，吃起来又有三鲜饺子的绝美味道。

鲅鱼饺子的馅料不像猪肉馅料那么油腻，因此适合包成薄皮大馅的水饺。饺子的个头也比平常馅料的饺子略大，包好的饺子隐约透着馅料的颜色，煮熟后依然晶莹剔透，一眼望去，饺子里面白绿相间，分外诱人。咬一口，鱼香扑鼻，鲜美无比，正所谓色香味俱全。

听威海当地人说，鲅鱼不仅肉质细腻、味道鲜美，而且营养丰富，富含蛋白质、维生素 A、矿物质等营养元素，还具有提神和防衰老等食疗功能。

更为可贵的是，鲅鱼价格低廉，属经济鱼类。对当地人来说，经常吃鲅鱼，一点儿也不会给百姓的生活造成负担，是人人都承受得起的海鲜美食，难怪会成为胶东半岛最受欢迎的鱼类呢！

鲅鱼饺子

包好的饺子隐约透着馅料的颜色，煮熟后依然晶莹剔透，一眼望去，饺子里面白绿相间，分外诱人。咬一口，鱼香扑鼻，鲜美无比，正所谓色香味俱全。

鲅鱼饺子的做法

食材：新鲜鲅鱼、韭菜、葱、姜、面粉、花椒、香油、食用油、水、鸡精、酱油。

1 在面粉中加入适量凉水后揉成光滑的面团，静置待用；取5—6粒花椒泡入温水中待用；将葱姜切末儿、将韭菜洗好切细末儿待用。

2 将鲅鱼洗净，顺着鱼背片开，去除中间的大刺及周边的小刺后，将鱼肉片下来，再去除鱼皮，随后将鱼片剁成肉馅。

3 将肉馅放入盆中，加入少许鸡精，再一边搅一边慢慢地加泡好的花椒水，直到筷子插到肉馅中能立着就好。

4 将切好的韭菜末儿和葱姜末儿加入鱼肉馅里，然后再加入盐、少许酱油、香油及食用油继续搅拌。

5 将饧好的面团揉搓成长条，切成小剂子，擀成面皮；在面皮中放入适量的馅料包成饺子，煮熟即可食用。

小贴士

1 鲅鱼越新鲜，做出的饺子味道越好。一般表皮光滑、鲜亮的为新鲜鲅鱼；还可以从鱼眼睛来判断：眼睛白则新鲜，眼睛红则不新鲜。

2 韭菜不需要放很多，最好只用韭菜叶；一般以一斤鲅鱼馅放一两韭菜最佳，做出的馅料既可保持鲅鱼的新鲜口感，也带有韭菜的鲜香。

五香熏鲅鱼的做法

食材：鲅鱼、葱、姜片、八角、酱油、料酒、白糖、盐。

1　将鲅鱼去除内脏后清洗干净，斩去头尾。取鱼中段切成厚片，撒上适量的盐入味备用。

2　制作腌熏汁：将葱段、姜片、八角、酱油、料酒、白糖放入锅中煮沸，倒入容器中晾凉备用。

3　油锅加热，将鲅鱼片下入锅中煎炸至两面呈金黄色时捞出，并趁热放入腌熏汁内，腌制两个小时。

4　将腌制好的鲅鱼和腌熏汁一起倒入锅内，旺火煮沸，再改小火烧三分钟，关火，将鲅鱼捞出晾凉即可。

山东虫菜
不可思议的美味

金黄的炸蚕蛹因颜色漂亮，没有煮蚕蛹看上去那么可怖，吃起来有脆脆的皮，也更可口一些。

大一那年寒假回学校，对门宿舍家在海阳的女生带回来一大兜子煮熟的蚕蛹请我们吃，我们宿舍除了我和一名来自潍坊的女生敢品尝外，其他人均表示“欣赏一下就可以了”。而吃了蚕蛹的我，实际上也是不忍看它丑陋恶心的外表，闭着眼睛咀嚼就是了。但万万没想到，若干年后，蚕蛹竟会成为我儿子的最爱。

山东人很喜欢吃蚕蛹。事实上，蚕蛹是高蛋白食品，还具有独特的药用价值。婆婆家常年会有蚕蛹出现在餐桌上，水煮蚕蛹、油炸蚕蛹、炒蚕蛹……外面的小摊上，也常常可以看见将蚕蛹串起来烤好了卖的。当然，胶东人最喜欢水煮烹饪法，清水煮蚕蛹是最常见的菜。蚕蛹洗净后泡上半个小时左右，锅内加少量清水，放入蚕蛹煮开锅，再煮上十几分钟后加盐，待水快干时就可以出锅了。这样的做法可以最大限度地保存蚕蛹里的营养。

炸蚕蛹看上去更加赏心悦目一些。将蚕蛹放入蒸锅内蒸十五分钟左右，然后用鸡蛋、淀粉调成蛋糊，把蒸好的蚕蛹切成两半，撒上盐拌匀，再裹上蛋糊下油锅炸，炸至金黄色就可以吃了。金黄的炸蚕蛹因颜色漂亮，没有煮蚕蛹看上去那么可怖，吃起来有脆脆的皮，也更可口一些。

炸蚕蛹是个技术活，怎么才能把蚕蛹炸得更大且不易爆裂，婆婆告诉我两个小窍门。首先要凉油下锅，因为热油下锅时蚕蛹体内的蛋白质会迅速膨胀从而造成爆裂溢出蛋白，如果用凉油，就可以让蚕蛹有个缓慢膨胀变大的过程。此外，油温提至八成热时关火保持炸至酥脆，用手一捏就碎时即可，这样蚕蛹炸得更大更酥脆。

山东人爱吃的不仅是蚕蛹，很多看似恶心的虫子都是餐桌上的佳肴。比如蜂蛹，也是这里的常见“虫菜”。蜂蛹比蚕蛹个头小，颜色也浅一些。

还有一种豆虫，也是很多饭店里的“山珍”。豆虫也叫豆青虫，它的组成除了水分之外，大部分是蛋白质，此外还含有丰富的微量元素，比如钙、磷、镁、铁等的含量都非常高，维生素 E 的含量也比较高。可见，豆虫是人类理想的蛋白质资源。豆虫入菜，可清焖、制汤、烧炒，形式多样。不过，天生对肉肉的虫子有种恐惧感的我是不敢吃的。

细细长长的竹虫幼虫也经常出现在餐馆里。竹虫的幼虫呈长筒形，乳白色，它富含蛋白质、氨基酸、脂肪酸、矿物质元素、维生素等营养成分。油炒或油炸后食用，味道鲜美，向来是山东汉子首选的下酒菜。

另外一种外形像一枚枚玉米粒串在一起的哈虫，是天牛的幼虫，它是一种树木害虫，侵害杨树、柳树、柞树及多种果树的树干。天牛喜欢在树株稀疏、光线较强的柞林中活动。柞树哈虫是极好的营养品，蛋白质含量非常高，据说味道也不错，但我依然不敢吃。

不太常见的松虎蛹因为少见所以更为珍贵一些。松虎即松毛虫，其模样凶恶丑陋，身上插满稀落、均匀的毛，比常见的毛虫长，是吃松针的能手，像蚕吃桑叶一样。松虎做了茧子变出来的蛹，比野蚕、家蚕的蛹都要鲜美可口。吃松虎蛹要冒着被蜇的危险。松虎在松针上做茧子，把自己身上的毒毛也拔下来织到里面保护茧子。因此捉松虎蛹是个耐心、细心活，得用特制的长筷子，把松虎茧子从松枝松针间夹着撕下来，动作须轻而慢，否则毒毛就会借风展翅，飞身扑过来。收集下来的松虎茧也不能直接带回家，否则毒毛进了家门，可能攻击你的家人，甚至埋伏下来玩“持久战”。所以必须找个没风的地方，捡一些枯枝枯叶来燃成火堆，把茧子缓缓倒上去，再用长棍儿拨来拨去，把毒毛烧尽。如此这般，松虎蛹的防线便成了废物。把茧子从火堆里拨拉出来，用剪刀从一头剪开口，把新鲜的蛹剖出来，就大功告成了。

曾经看过一篇报道，说南方某地自然保护区，多松树，常苦松毛虫为害，夏秋之交，树上树下，遍布虫茧。偶有山东人到此，惊讶地发现本地人竟不知松虎蛹好吃，更不知其商机，遂低价收购，高价转卖回山东，直赚得盆满钵满。

还有一种山水牛，是只有几天寿命的小虫。它们的幼虫是一种土名叫“黄虫”的虫子，幼虫在地下靠吃草根为生，历经三年蜕变为成虫，每年立秋前后出土，在雨天里急急忙忙地寻偶交配，接着死去。

按昆虫学分类，山水牛属鞘翅目天牛科，学名土天牛。其个头、形状与天牛基本相似，均有着坚硬的甲壳、长长的节状触角和一对尖利的大牙。唯浑身黑红闪亮不同于天牛的深灰加白点，且无天牛那种难闻的气味。它的生活习性则独具一格，与天牛不同。它将卵产在土里，孵化成黄色幼虫后，一直生活在地下，靠啮食黄草、白茅等多年生长的草根为生。历经三年后方老熟成蛹，再羽化成成虫，但仍呈休眠状态，藏身地下。直到每年夏至前后、雷雨大作时，才猛然惊醒，纷纷钻出地面。出土后它们或飞舞，或爬行，急急忙忙地寻找配偶，待双双交配完毕，雌虫便忙着产卵，雄虫则继续游荡，两三天内全部死去，生命之短促，令人唏嘘。

山水牛是一种营养丰富的大型昆虫，它在钻出地面前就早已停止进食，体内极为洁净，因此历来是人们喜食的野味。它的甲壳虽硬，但撕去鞘翅、掰掉利牙后，不论油炸、火烧，都酥脆爽口，香味浓郁。特别是未产卵的雌虫，个头虽小，但胀鼓鼓的肚子里全是金灿灿的卵粒，嚼到嘴里又香又面。除成虫外，山水牛的幼虫也是难得的美味:那是一种油光闪亮的大黄虫，其肥美堪比竹虫幼虫，个头则比竹虫幼虫大得多，只可惜它藏身地下，很难挖到。

我先生从小在胶东地区长大，非常喜欢吃这些虫子。这些年，我看着他吃这些虫子，也慢慢地由一开始的害怕变为如今的熟视无睹了，想来有朝一日，也许能鼓起勇气尝上一尝吧!

炸蚕蛹

将蚕蛹放入蒸锅内蒸十五分钟左右，然后用鸡蛋、淀粉调成蛋糊，把蒸好的蚕蛹切成两半，撒上盐拌匀，再裹上蛋糊下油锅炸，炸至金黄色就可以吃了。

德州扒鸡
堪称『中华第一鸡』

当扒鸡那浓郁的香味扑面而来时，一切心思都被抛诸脑后，只剩下了大快朵颐。

它的造型也特别漂亮：两腿盘起，爪入鸡膛，双翅经脖颈由嘴中交叉而出，全鸡呈卧体，色泽金黄，黄中透红，远远望去似鸭浮水，口衔羽翎，是上等的美食艺术珍品，可谓色香味俱全。

大二那年寒假结束，我从天津回济南上学，坐公交车去往火车站的路上出了一点小状况。

那时候有种公交车，是把两辆公交车用胶皮带拼接在一起的，中间连接处有一些空隙。当时我就坐在那空隙旁边的座位上，把装满面包、火腿肠、瓜子、水果的大袋子放在了脚边。没想到车子拐弯的时候，连接处的空隙忽然变大，我的袋子从空隙处掉了下去，待我回过神来，车子已开出了好远，天生不爱麻烦别人的性格致使我没有勇气让司机停车。于是火车上的那一路，我没有了午饭和零食，又不舍得去买昂贵的盒饭，这意味着我要饿着肚子坚持六七个小时的旅途（当时没有动车，买不到特快列车的票，就只能坐普通快车，停靠站点多，速度极慢）。

火车抵达德州车站时已经是下午两三点的光景，车窗外照例有一些提着篮子的妇女在沿车售卖著名的德州扒鸡。实在忍不住饥肠辘辘，我翻出钱包，拿出十五元钱，下去买了一只扒鸡。说真的，当时还是有点小心疼的，十五元，对于20世纪90年代末的大学生来说，基本上是两三天的伙食费呢。不过，当扒鸡那浓郁的香味扑面而来时，一切心思都被抛诸脑后，只剩下了大快朵颐。待抵达济南站之际，一整只扒鸡只剩了一堆鸡骨头。

这一事件导致的结果就是，以后每次路过德州，我都要下去买只扒鸡，自己吃或者带给家人吃。

要知道在我以往的认知里，烧鸡才是鸡肉最美味的吃法。我的父亲喜欢每天中午吃饭时喝点儿白酒，他最喜欢的下酒菜就是烧鸡和花生米。我从小就跟着他吃烧鸡，觉得鸡肉的其他任何做法都不及烧鸡那样美味。然而吃过了德州扒鸡后，我的这一认知瞬间被改变——这德州扒鸡才是人间极品啊！在扒鸡面前，烧鸡炸鸡叫花鸡等等做法全部是浮云……

德州扒鸡的全称是德州五香脱骨扒鸡。

它是真正的“脱骨”，你只需用筷子轻轻一夹，鸡肉便轻易地与鸡骨头分离开来，所以吃起来非常方便。有美食家评价德州扒鸡“五香脱骨，肉嫩味纯”。

它的五香味道介于浓郁和清淡之间，可谓恰到好处，多一点儿便腻了，少一点儿便寡了。那样的滋味甚至抵达了鸡的骨髓。这是因为制作扒鸡的配料极其复杂，是由花椒、大料、桂皮、丁香、白芷、草果、陈皮、山柰、砂仁、生姜、玉果等二十多种香料烹制而成的。

它的造型也特别漂亮：两腿盘起，爪入鸡膛，双翅经脖颈由嘴中交叉而出，全鸡呈卧体，色泽金黄，黄中透红，远远望去似鸭浮水，口衔羽翎，是上等的美食艺术珍品，可谓色香味俱全。

同学之中有家在德州的，她告诉我们，以往在家里的时候，并没有觉得家乡的扒鸡有多么出名，只觉得是很普通的一样地方小吃。直到出来读书，才发现大家居然都听过德州扒鸡的名号，才知道家乡的这一美食竟早已闻名天下。这恐怕与“近处无风景”是一样的道理。

关于扒鸡的起源，有个有意思的传说。据说在明朝年间，烧鸡的制作方法在德州一带已是家喻户晓。一次，一家烧鸡店的伙计在煮制烧鸡时睡着了，鸡肉煮过了头。

掌柜回来后将鸡捞出，试着拿到集市上去卖，没想到香味吸引了不少人前来购买，很快便售卖一空。客人品尝后都赞不绝口：这鸡不仅肉烂味香，就连骨头一嚼也是又酥又香，真可谓生香透骨。掌柜回去后潜心研究，改进技艺，于是出现了扒鸡的原始做法，即大火煮、小火焖，用如今的说法就是火候要先武后文，武文有序。

后来到了民国时期，随着津浦铁路和石德铁路的全线通车，德州扒鸡经营进入了兴盛时期，呈现了“百家争鸣”的景象。掌柜们为了买卖兴旺，不仅继承了传统烹制技艺，还刻苦钻研，推陈出新，促成了扒鸡制作技艺的迅速提高。

新中国成立后，扒鸡的制作技艺更是被发扬光大。德州扒鸡声名远播，大凡路过德州的人，都会带一只扒鸡回去给家人品尝，美食家们也赞誉德州扒鸡为“中华第一鸡”。

随着德州扒鸡的声名远播，再加上物流业的飞速发展，如今各地的超市里基本都能买到密封包装的扒鸡。我家附近的超市也不例外。然而，从超市里买回的扒鸡，由于保质期比较长，吃起来总觉得味道不对。我还是更愿意在途经德州的时候，下车去买一只刚刚制作好的还冒着热气的扒鸡，总觉得那样的扒鸡才有真正的扒鸡味道。即使只是闻一闻它的香气，也会从心底涌起一股抑制不住的满足感。

当然，对我来说，最美味的扒鸡，还是大二那年在火车上第一次吃到的那一只。那个十九岁的女孩在饥肠辘辘的情况下买的那只扒鸡的味道，永远停留在她美好灿烂的青春记忆里，挥之不去。

德州扒鸡

这鸡不仅肉烂味香，就连骨头一嚼也是又酥又香，真可谓生香透骨。

德州扒鸡的做法

食材：活鸡（选用1千克左右的小公鸡或未下蛋的母鸡为好）、白糖、香料、老汤、生姜、盐、酱油。

1 宰杀煺毛。将鸡颈部宰杀放血，在60℃的热水中浸烫煺毛，清洗干净。在鸡右翅前面颈侧开一小口，拉出食管和气管。在腹下靠近肛门处开口，掏净内脏，冲洗干净。

2 浸泡造型。将光鸡放在冷水中浸泡净血水，捞出控干水分，放在工作台上整形，将双翅从颈部刀口交叉插入，从口腔中向左右伸出，两爪交叉塞入腹腔，形成鸳鸯戏水似的造型，控净水分。

3 上色晾干。将白糖放入锅内，加入50克清水，以中火炒成枣红色，再加入300克水熬至溶化，离火晾冷，即糖色（或用蜂蜜加水调制）。然后在鸡体上均匀涂抹糖色，晾干。

4 烧油炸制。锅置大火上，倒入植物油烧至七成热时，放入上色后的鸡体炸两分钟至呈金黄色、微光发亮时，捞出沥油即可。油温切忌过高，以免炸黑。

5 入汤煮制。将炸好的鸡放在煮锅内层层摆好，放上香料袋，加入老汤、生姜、盐和酱油，加清水淹没鸡体，压上铁篦子和石块，防止鸡在汤内浮动。先用旺火煮沸，改用文火焖煮。小鸡焖煮三至四小时，老鸡焖煮四至八小时即可。

6 出锅成品。出锅时，先取下石块和铁篦子，一手持铁钩钩住鸡脖处，另一手拿笊篱，借助汤汁的浮力顺势将鸡捞出，力求保持鸡体完整。再用细毛刷清理鸡体，晾一会儿，即为成品。

宫保鸡丁

一段甜辣交织的记忆

宫保鸡丁入口之后，舌尖先感觉到些许的麻辣，而后冲击味蕾的是一股甜意，麻、辣、酸、甜包裹下的鸡丁、葱段、花生米使人欲罢不能。

大二那年，我在辅导员老师的鼓动下，报名参加了学校艺术节的诗歌朗诵比赛。那时候同学们来自天南海北，每个人说的普通话也多多少少带着各自的乡音。而我因从小生长于河北省廊坊市，那里的口音就是地道的普通话，即便后来随父亲工作调动而去天津读中学，依然保持着纯正的普通话口音。因此在山大参加诗歌朗诵比赛也是有一定优势的。

参加朗诵比赛初赛的诗歌，是同学推荐给我的《四月的纪念》，这首诗在当时的大学生里非常流行，是一首与青春和离别有关的略带伤感的诗歌。犹记得诗歌的开头是：“二十二岁，我爬出青春的沼泽，像一把伤痕累累的六弦琴，喑哑在流浪的主题里……”

为了增强朗诵的效果，我把它重新编成了由男女生共同朗诵的诗歌，并找来了比较唯美的音乐做背景。那么一同朗诵的男生去哪里找呢？纵观我所在的中文系，普通话能达到及格标准的男生实在寥寥，有朗诵天赋的就更是无觅处。经过同宿舍舍友的提醒，我想起数学系的闺蜜真真在学校广播站里做播音员，便认真地将重新编好的诗歌抄写在白纸上，拿去拜托她帮忙从广播站给找一位靠谱的男生，作为我的搭档共同参赛。

真真完成任务的速度和质量都相当惊人。第二天她就找来了当时广播站的元老级播音员、政法系的一位学长。这位学长声音浑厚动听，普通话说得相当标准，曾经在山东人民广播电台做过特邀主持人，关键是，这位学长从不参加学校里的任何语言类比赛。

真真说，学长听了她的请求一开始也是拒绝的，但是瞥见了闺蜜手中我改的那首诗后，先是惊异于“这女孩的字好漂亮”，再仔细看了我的改编，听了我录制的自己朗诵的小样后，便同意了闺蜜的请求。于是乎，我便幸运地有了这样一位重量级搭档来完成我进入大学后的诗歌朗诵处女秀。

跟学长的配合也出乎意料地顺利，基本上顺了两三次后，就能比较圆满地完成整个朗诵。他又教我练习气息方面的技巧，以及表情、手势的变换，几次下来已经能够配合得滴水不漏。

我从小就喜欢吃辛辣食物，同时又属于易上火体质，一上火嗓子就会哑，因此学长要求我比赛期间不能吃辛辣食物以保护嗓子。为了感激学长愿意屈尊做我搭档的恩情，我咬着牙含着泪同意了。

初赛如预料中那样，我们以最高分顺利晋级。复赛中我们则遇到了强劲的对手——同样也是广播站播音员的一位学姐，她在复赛中重新选了一首跟自己声音很搭配的诗歌，朗诵得如泣如诉。最终我们以同样的比分并列第一晋级决赛。决赛要求朗诵的诗歌以歌颂祖国为主题，于是我临时自己写了一首长篇朗诵诗。重新找配乐，重新磨合，认真练习，经过一个星期的准备，总算达到了处女座学长严苛的要求。

然而决赛那天出了一点儿小状况。临上台时，配乐的磁带不知何故播放不出来，幸好提前带了一盘备用磁带，才不至于变成无配乐朗诵。但经验不足的我，临场发挥因此受到了影响，有些紧张，用学长的话说就是“声音不够饱满”。最终，那位广播站学姐摘得朗诵比赛的桂冠，我们以微弱劣势屈居第二名。

比赛结束后，我对学长满怀愧疚，但他却说：“第一次参赛就取得亚军，是很不错的成绩了！走，我们去庆祝一下。”

为了补偿我这段时间都没能吃到辣的食物，那一顿“庆祝晚餐”或曰“安慰晚餐”，学长为我点了好几道有辣椒的菜，其中一道就是我们都非常喜欢的宫保鸡丁。一边吃，学长一边给我讲述宫保鸡丁的来历。作为地道的山东人，他纠正了我一贯以为宫保鸡丁是川菜的观点——虽然川菜、贵州菜里都有这道菜，但宫保鸡丁最初是地道的鲁菜。

宫保鸡丁这道闻名中外的汉族传统名菜，最早由清朝山东巡抚、四川总督丁宝桢所创。丁宝桢对烹饪颇有研究，喜欢吃鸡和花生米，尤其喜好辣味。他在山东为官时，曾命家厨用辣椒炒制鲁菜“酱爆鸡丁”，后来他任四川总督时将此菜推广开来，创制了一道将鸡丁、红辣椒、花生米下锅爆炒而成的美味佳肴。这道美味本来是丁家的私房菜，后来因受到越来越多的人喜爱而成了现在人们熟知的宫保鸡丁。所谓“宫保”，其实是丁宝桢的荣誉官衔。丁宝桢治蜀十年，为官刚正不阿，多有建树，于光绪十一年死在任上，清廷为了表彰他的功绩，追赠“太子太保”。“太子太保”是“宫保”之一，于是，为了纪念丁宝桢，他发明的这道菜便得名“宫保鸡丁”。

宫保鸡丁入口之后，舌尖先感觉到些许的麻辣，而后冲击味蕾的是一股甜意，麻、辣、酸、甜包裹下的鸡丁、葱段、花生米使人欲罢不能。直到现在我依然记得那顿难忘的晚餐，一边吃着最爱的菜，一边听学长讲述菜的来历，真是一种奇妙的享受。

各地的宫保鸡丁名字相同，做法却不尽相同。

川菜版的宫保鸡丁用的是鸡脯肉，由于鸡脯肉不容易入味，炒出来鸡肉往往不够嫩滑，需要在码味上浆之前，用刀背将鸡肉拍打几下，或者加入一只蛋白，这样的鸡肉会更加嫩滑。川菜版宫保鸡丁原料中必须使用油酥花生米和干辣椒。辣椒切成节后炸香，突出糊辣味。

鲁菜版的宫保鸡丁更多采用鸡腿肉。为了更好地突出宫保鸡丁的口感，鲁菜还添加了笋丁或者马蹄丁。鲁菜中宫保鸡丁的做法和川菜做法大致相同，但更注重急火爆炒，目的是保留鸡丁的鲜嫩。

贵州菜版的宫保鸡丁用的是糍粑辣椒，和川菜、鲁菜版不同。贵州菜版宫保鸡丁咸辣略带酸甜，因为“酸辣”是贵州菜区别于川菜的重要标志之一。

毕业后的这些年我走过很多地方，这三个版本的宫保鸡丁我都在当地吃过，但最爱的还是鲁菜版宫保鸡丁。也许因为只有鲁菜版宫保鸡丁，才能让我回忆起那年的那场跟青春有关的朗诵比赛，回忆起学长在为我讲述宫保鸡丁来历时脸上那自豪的微笑。直到现在，我跟朋友吃饭的时候，如果有这道宫保鸡丁，我都会忍不住告诉大家："你们知道吗，这道菜其实是山东菜呢……"

如今，学长已是他家乡青岛的一名大律师了。不知道他是否经常吃这道宫保鸡丁？在吃这道菜的时候，还能不能回忆起当年的那段青葱往事呢？

宫保鸡丁

各地的宫保鸡丁名字相同，
做法却不尽相同。
毕业后的这些年我走过很多地方，
但最爱的还是鲁菜版宫保鸡丁。

宫保鸡丁的做法

食材：鸡肉、黄瓜、大葱、花生米、食用油、白胡椒粉、淀粉、酱油、香醋、盐、姜汁、白砂糖、料酒。

1 将鸡肉切成丁，加入一汤匙料酒、半汤匙食用油、半茶匙白胡椒粉、半茶匙盐、一茶匙淀粉腌渍十分钟，再用水淀粉拌匀。

2 将大葱洗净切段，干辣椒洗净，剪去两头去除辣椒籽，黄瓜切丁。

3 在小碗中调入酱油、香醋、盐、姜汁、白砂糖和料酒，混合均匀制成调味料汁。

4 锅中留底油，烧热后将花椒和干辣椒放入，用小火煸炸出香味，放入大葱段，再放入鸡丁，加入一汤匙料酒，将鸡丁滑炒变色，随后倒入水淀粉。

5 最后调入料汁，再放入熟花生米，翻炒均匀，用水淀粉勾芡即可装盘。

小贴士

1 炸花生米之前，先用开水冲泡花生米，剥去外皮，冷锅冷油下花生米（这样不易炸焦），中火炒至浅焦黄色后盛到大盘里散热待用。

2 在炒制宫保鸡丁时，花生米一定要最后放入，若提前放入，锅内的汤汁会致使花生米变软从而影响口感。

糖醋鲤鱼

岂其食鱼，必河之鲤

> 夹一块鱼肉咬上一口，酸酸甜甜的酱汁、炸得脆脆的外皮以及鲜嫩无比的鱼肉，立刻让人唇齿留香，欲罢不能。

泺口位于济南市区的北部，黄河就从这里流过。来济南游玩的人若想观看黄河，一般都会来泺口。

我们读书的时候，泺口对于广大学生的意义，不仅仅在于它是能够近距离观看到黄河的地方，更在于位于泺口的一个超大的小商品批发市场，是我们愿意坐很远的车去泺口的最大原因。

那时候，每学期我们总是要去一两趟泺口买东西的。泺口小商品批发市场里的物品，不仅可以批发，还可以零售，零售价格自然是比批发价格贵一些，但也比学校里的商店和学校外的超市便宜很多。衣服鞋帽、文具书包、生活用品，以及各种精美的小饰品，在市场里应有尽有。每一次去采购，大家都是大包小包地拎回来一堆，买回来的东西拿回宿舍，还会摆摊似的显摆一番，有时候还会互相交换、以物易物，玩得不亦乐乎。去泺口对我们来说，无异于一场可以持续带来好几天欢乐的购物盛宴。

泺口距离学校颇远，坐车加上购物的时间，总要耗费一整天的时间，且需要早出晚归，因此午餐就要在那里解决。因北临黄河，泺口辖区内大大小小的餐馆里，都有跟黄河鲤鱼相关的一道济南名菜，那就是糖醋鲤鱼。

《诗经·陈风·衡门》曰："岂其食鱼，必河之鲤。"说明早在三千多年以前，黄河鲤鱼就已经是脍炙人口的名菜了。黄河鲤鱼不仅肥嫩鲜美，肉质细嫩，且金鳞赤尾，形态可爱，是各种宴会上常见的佳肴。《济南府志》上就有"黄河之鲤，南阳之蟹，且入食谱"的记载。而"糖醋鲤鱼"这道菜最早就始于黄河重镇——泺口镇。因此大一那年第一次去泺口买东西，中午吃饭时我就跟同行的小伙伴慕名点了这道名菜。

鲤鱼是很大的一条，被红色浓稠的糖醋外衣包裹着，散发出阵阵扑鼻的香气。夹一块鱼肉咬上一口，酸酸甜甜的酱汁、炸得脆脆的外皮以及鲜嫩无比的鱼肉，立刻让人唇齿留香，欲罢不能。你一口我一口，很快一条肥鱼就被我们两个女生消灭殆尽。那一餐吃完，内心是喜悦且满足的。果然吃甜食能带给人幸福的感觉呢！然而它又并非单纯的“甜食”，其味道有酸有甜也有咸，每一种滋味都那样恰到好处，多一分便多，少一分便少。

据说，常吃鲤鱼不仅可以滋补身体，而且可以益智健脑，增强免疫力。夏季的鲤鱼较冬季的营养更为丰富。

自此，每次去泺口，我跟同伴都会找一家餐馆，点上一道糖醋鲤鱼、一盘青菜，配着白米饭，就是一顿香甜的午餐。

大二那年，高中时的闺蜜来济南看我。在陪她游玩了大明湖、趵突泉、千佛山等几个著名景点后，她提出想去看看黄河，于是我就带她去了泺口，顺便吃泺口的糖醋鲤鱼。

那天跟我们同去的，还有我们联谊宿舍的一名男生。之前两个宿舍一起聚餐庆祝元旦，我的这位闺蜜也参加了，这位男生对我闺蜜表现出了极大的热情，当听说我们要去泺口，便自告奋勇当起了护花使者。

那是个阳光明媚的冬日，我们近距离观赏了水量并不丰沛的黄河，拍了很多造型诡异的照片，然后找了家干净的小餐馆，点了糖醋鲤鱼和几道家常菜。吃饭的过程中我们三个人相谈甚欢，闺蜜对济南菜尤其是那道糖醋鲤鱼赞不绝口，男生也非常卖力地发挥自己理科生的优势，给我们讲述了生物专业的种种奇闻，让我们两个女生眼界大开。吃得差不多了，我招手让服务员结账，服务员拿着单子去前台算账，这时男生忽然起身，说要去方便一下，便很快离席。直到服务员拿单子回来，我把账结了，又跟闺蜜喝了一会儿茶、聊了一会儿天之后，男生才慢悠悠地回到了座位上。

那天回到宿舍，我笑着问闺蜜对那男生可有什么想法。闺蜜一吐舌头，说："这样的男生我可不要。"

后来闺蜜回她上学的城市去了，那位男生还找我要过她的联系方式和通信地址，都被我以各种理由搪塞了。

再后来，我听说那男生是特困生，是靠助学金和勤工俭学完成学业的，不仅要自己挣学费和生活费，还要挣钱供他还在读中学的弟弟念书，其经历非常励志。当初我们那一顿饭吃了七八十元，对当时的他来说，恐怕是一个不小的负担吧。

我把男生的上述情况讲给我闺蜜听，她沉默良久，说："穷并不可怕，又虚伪又穷才可怕。如果当时他直说自己没钱结账，我们都不会难为他，但他采取的方式很不成熟，说明这人情商太低。"

想想她的话，觉得也不无道理。但我想，面对那样的境况，囊中羞涩的男士恐怕大多会选择一种更加圆滑的方式来回避可能被揭露窘迫的风险吧。毕竟我们都只是十八九岁的年纪，面对感情难免幼稚而懵懂，不懂得怎样做才是正确处理问题的方法。不过，既然如此，他为什么一定要冒着可能被嫌弃的风险跟我们去泺口呢？恐怕，还是因为，真的动了心吧。

糖醋鲤鱼

鲤鱼是很大的一条，
被红色浓稠的糖醋外衣包裹着，
散发出阵阵扑鼻的香气。

糖醋鲤鱼的做法

食材：鲤鱼、料酒、盐、酱油、白糖、醋、湿淀粉。

1　鲤鱼清理干净后，在鱼身两侧切若干刀口，把料酒、盐撒入刀口，腌制片刻。

2　用酱油、料酒、白糖、醋、盐、湿淀粉，再加一些水兑成芡汁。

3　锅内加油烧至七成热，在鱼的刀口处撒上湿淀粉，放入油中炸，炸至外皮变硬，然后小火炸三分钟，再大火炸至金黄色，捞出装盘，用手将鱼捏松。

4　锅内加油，放入葱、姜、蒜，炸出香味，然后倒入之前兑好的芡汁，起泡时用炸鱼的沸油冲入汁内，搅拌后迅速浇到鱼上，即为成品。

小贴士

1　炸鱼时需掌握油的温度，凉则不上色，过热则外焦内不熟。

2　糖醋汁的调配比例：一勺料酒、两勺酱油、三勺糖、四勺醋、五勺清水。以上调料的配比是 250 克食材的量，如果食材量大，可按比例增加调料的量。这种糖醋汁也可以做糖醋排骨、糖醋里脊等糖醋类菜肴。

南肠

济南名吃与『小暖男』

南肠是因效法南方的香肠制作方法而得名的，这种做法在济南也有一百多年的历史了。跟普通香肠相比，南肠的肉质更加筋道、更有嚼头。

20世纪90年代末,大学里并没有很多勤工助学岗位，所以如果想一边读书一边打工，就要往校外发展。而校外的勤工助学基本以家教为主，家教的对象一般是中小学生。

大二那年，通过一位学姐的介绍，我也开始了自己的家教生涯。每周五晚上和周六白天，我都会坐半个多小时的公交车，去给一名读小学四年级的小男孩辅导语文和英语。学姐原本是他的家教老师，做了一年之后升入大四准备考研，便把这一资源转让给了我。

小男孩九岁，名字里有一个腾字，我叫他小腾。从第一次见面，小腾就和我非常投缘，所以他不叫我老师，而是叫我姐姐。小腾是一个非常漂亮的小男生，性格活泼可爱，用现在时髦的话来说，就是“小暖男”一枚。他会在我辅导他的过程中忽然抬起头，对我说：“姐姐，你嗓子有点儿哑，快喝口水吧。”他会在我准备离开去赶公交车回学校的时候说：“姐姐，你要走那条有灯光的大路哦，不要抄近道，不安全的。”他还会在春暖花开的时候，把从小区路边摘来的野花夹入我的笔记本里，说：“姐姐，我把春天送给你。”

小腾数学学得很好，语文、英语略差一些，而这两门正好是我的强项。在我的悉心辅导下,那个学期期末考试，小腾的英语破天荒地超过了九十分，语文成绩更是位列班级第一名。小腾的妈妈高兴极了，不仅大张旗鼓地请我吃饭，还在我临走时给我带了一大包济南名吃——南肠。

南肠是因效法南方的香肠制作方法而得名的，这种做法在济南也有一百多年的历史了。跟普通香肠相比，南肠的肉质更加筋道、更有嚼头。因为南肠是由黑猪肉经刮肠、切肉、拌馅、灌肠、晾晒、蒸煮等工序制成的，因此外观呈黑色；又因为是用五花肉制成，所以还能看出黑肉里面有白肉嵌在其中，煞是好看。

那天，我把南肠拿回宿舍，切成薄薄的片分给舍友，那咸咸香香的味道，大家都很喜欢。无论是早上夹在鸡蛋饼或者馒头里，还是中午吃米饭炒菜时切上几片拌在饭菜里，抑或是晚饭作为喝粥时的一碟小菜，南肠都能恰到好处地成为一种特别美好独特的点缀，让一日三餐因为它而变得更加生动起来。

小腾听说我喜欢南肠，就告诉了他妈妈。于是此后很长一段时间，每逢我周末去辅导小腾，回来的时候都会有几根南肠作为礼物。那些日子，宿舍里便经常飘出南肠独特的肉香。有时候我们自己在宿舍里煮面条当夜宵，也会将南肠切成细细的肉丁，放入面汤里一起煮，最后再放几根青菜在里面，便是一锅特别美味的南肠青菜面汤了。济南初春那些乍暖还寒的夜晚，热气腾腾的南肠面汤就这样温暖了我们想家的心。

我给小腾做家教整一年时间，后来升入大三，因为转入了新闻专业，要同时学习中文和新闻两个专业的课程，时间一下子变得紧张起来，于是我就把这份家教转给了别的同学。我最后一次给小腾上课的时候,他的眼圈红红的。临走时，小腾妈妈又包了一大包南肠给我，并嘱咐我以后有时间一定来家里玩，小腾也可怜巴巴地拽着我的衣袖说:“姐姐，你一定要来看我哦。”

当时的我，应该是答应了小腾的，然而或许是他家离我的学校实在太远，或许是我先后忙着考研实习找工作实在太过紧张，又或许是我内心深处隐隐觉得，这样的萍水相逢，没有必要在以后的生活中产生过多的纠葛……总之，后来我并没有履行去看望他的承诺。大学毕业那年，小腾小升初，以优异的成绩考入了济南市实验中学，他特意打电话向我报喜，我也确实开心极了。

多年后，我回威海的婆婆家过年。胶东半岛的当地人，每逢临近春节的时候都会自己制作南肠，做好了在房前晾晒，景象很是壮观。而等到过年的时候，南肠就可以吃了。将南肠蒸好切片，就是特别受欢迎的一道下酒小菜，无论男女老幼，都喜欢那咸滋滋的味道。

而我每一次吃南肠，都会想起小腾，想起那个小男孩温暖的笑容，想起他将几朵野花夹在我的笔记本里，说："姐姐，我把春天送给你。"

南肠

南肠是由黑猪肉经刮肠、切肉、拌馅、灌肠、晾晒、蒸煮等工序制成的，因此外观呈黑色；又因为是用五花肉制成，所以还能看出黑肉里面有白肉嵌在其中，煞是好看。

南肠的做法

食材：五花肉、花椒、大料、桂皮、丁香、老抽、生抽、花椒盐。

1 将去皮的五花肉切成小块放入碗内，再加入花椒、大料、桂皮、丁香等配料研成的细末儿，倒入老抽，一起搅拌均匀。

2 把拌好的猪肉灌入肠衣内，每隔三厘米左右用细绳扎个结，然后就可以挂在通风处晾晒了，待晾干以后即可煮制。

3 煮肠时，先用针在肠上刺一些小孔，然后锅内加水，水烧开后将肠放入锅中煮。先大火烧开，再改用微火煮半小时左右即可。捞出后晾凉，切成薄片装盘，可直接吃，也可蘸生抽、花椒盐等调料食用。

小贴士

1 晾晒香肠时，如果天气炎热，应以早晚晒、中午晾为宜。

2 南肠存放了一段时间后，需要先蒸熟再食用。

朝天锅

潍坊名吃与爱画画的女孩

用薄饼卷起煮得烂烂的肉，以及葱段、咸菜等配料，咬一口，肥而不腻，味美可口。而煮过各种肉的汤，配以葱末儿、香菜末儿、醋、胡椒粉、辣椒面等小料，清淡而不浑浊，搭配着烙饼卷肉吃，胃里暖暖的，有种说不出的舒坦，鲜香的滋味让人回味无穷。

大一那年暑假，学校要求大家利用假期开展社会实践。于是我跟几名同学一起，去潍坊下面的一个镇子里开展暑期社会实践。社会实践的内容包括调研当地人的生活状况，以及给当地一所小学的孩子上课。

山东省作为全国考生最多的教育大省，高考分数一向傲视群雄。我们当时高考还是全国统一试卷，同班的山东同学，高考分数往往比来自直辖市和边远地区的考生高出三四十分，甚至更多。

如此优秀是以从小到大失去很多快乐作为代价的。在潍坊所辖这个小镇的这所小学里，小孩子们都很懂事，很爱学习，小小年纪便“两耳不闻窗外事，一心只读圣贤书”，他们念书时的那股子刻苦用功的劲头令已成年的我们都叹为观止。然而与此同时，他们似乎又失去了很多原本应该属于他们的欢乐。学校里美术、音乐老师紧缺，音体美三门课里，唯一能保证正常开设的是体育课。孩子们每周除了两节体育课，其他时间几乎都是在不停地学习基础学科的知识。而我们社会实践的主要任务，就是利用暑假给他们开设音乐、美术、手工等课程，帮他们找回原本应该轻松且无忧无虑的童年。

因为有一些绘画基础，我给二年级和三年级的小朋友上美术课，从最基本的静物素描开始学起，苹果、水杯、操场上的一棵树……随着素描对象的日益丰富，孩子们对绘画的兴趣也越来越浓厚。后来应他们的要求，我又教了他们一些简笔画。看到各种小动物的形象在我笔下很快勾勒出来，孩子们忍不住发出一阵阵惊呼。孩子们学习绘画的热情高涨，在我的耐心指导下，他们的绘画水平突飞猛进，个别有悟性的孩子，在学习了两周以后，已经能独立画一些动物、植物以及简单的人物头像了。

八岁的女孩小珊就是这样一个有悟性的孩子。她一接触绘画就表现出了极高的天赋，很多技法一学就会，一点就通，并且很快就可以独立作画，画出的静物虽谈不上惟妙惟肖，也算是有模有样，对于一个刚接触绘画不久的小孩子来说实属难能可贵。于是我有时候会在课下单独指导一下小珊，给她讲她在画画时存在的问题，她总能在最短的时间内纠正过来。

一天下课后，小珊让我跟她回家，我问她为什么，她有点儿腼腆地说："老师，我妈妈想请您吃饭。"

小珊的父亲在南京打工，她和在工厂里工作的妈妈、身体不太好的奶奶生活在一起。在班里，像小珊这样的儿童有很多，有的是父亲出去打工跟着妈妈一起生活，有的是父母都出去打工跟着爷爷奶奶生活。那天傍晚我跟小珊回家，她妈妈准备了当地最有特色的朝天锅款待我。

朝天锅是潍坊地区非常普遍的吃法。虽然朝天锅的名字里面有一个"锅"字,但它其实跟我们印象中的火锅、砂锅不同，在食用的时候并没有"锅"这种炊具的参与。朝天锅，其实就是烙饼卷肉。

那么，它为什么取名叫"朝天锅"呢?

听当地的老人说，很久以前潍坊叫潍县，潍县大集是山东当时的第一大集。每到赶集这天，来集市上的人熙熙攘攘。而人一多，吃饭就成了问题。于是有人发明了朝天锅——在露天支起一口大锅，烧开水，煮一些价廉的猪下水。肉烂之后捞上来,用大饼卷起来卖给赶集的人吃，又解饱又方便，价格也不贵，因此很快便流传开来。

因为露天支起的大锅是没有锅盖的，所以人们戏称之为“朝天锅”。

于是，赶集的人围锅而坐，以锅台为餐桌，一边聊天一边吃大饼卷肉，成为潍县大集上一道独特的风景。

据说，清朝乾隆年间，郑板桥担任潍县知县，他很喜欢朝天锅，但又感觉在户外食用不太高雅，建议从室外搬到室内，挂牌待客，于是朝天锅渐渐成为潍坊一带的名小吃。

小珊妈妈做的朝天锅内容非常丰富，有猪头、猪肝、猪心、猪肚等，用薄饼卷起煮得烂烂的肉，以及葱段、咸菜等配料，咬一口，肥而不腻，味美可口。而煮过各种肉的汤，配以葱末儿、香菜末儿、醋、胡椒粉、辣椒面等小料，清淡而不浑浊，搭配着烙饼卷肉吃，胃里暖暖的，有种说不出的舒坦，鲜香的滋味让人回味无穷。

吃完饭，我们唠起了家常。小珊妈妈跟我说，她文化程度不高，平时辅导不了小珊的功课，所以小珊的学习成绩一直很一般，在高考竞争激烈的山东，将来考上好大学的希望比较渺茫。见小珊那么喜欢画画，她就想能不能让孩子朝这条路发展，也算是将来多条出路。

听小珊妈妈这样说，我心里有种淡淡的苦涩。我深知绘画这条路，最后能真正走出来的凤毛麟角，大多数人都是垫脚石。绘画如此，其他艺术形式概莫能外。然而又很难实话实说，面对小珊妈妈殷切期盼的眼神，我自然还是要以鼓励为主，更何况小珊在绘画上如此有天赋，谁知道将来会不会有奇迹发生呢？一切都未可知。

我们在潍坊待了将近一个月时间，我算是对小珊进行了绘画上的启蒙。但她以后的路要怎么走，除了自己的努力，恐怕更多的还要看机遇了。

我们离开那天，好几个孩子来车站送我们，其中也包括小珊。她还是很羞涩的模样，偷偷把一包吃的塞进我的背包，我摸了一下，还热乎乎的。火车启动以后，我打开那包吃的，里面赫然是新出锅的大饼卷肉。

“这是什么？”同行的同学问我。

“朝天锅。”我说。

后来我还跟小珊保持了一段时间的书信往来，也买了些绘画方面的书籍册子以及画笔纸张寄给她，希望她能始终热爱并坚持练习画画。

大学毕业之后，我离开了山东，由于几次地址变更，跟小珊终归是断了联系。不知道那个小女孩后来是否坚持了自己的梦想，一直画了下去。不过，即便最终没有走上专业绘画之路，我觉得也没什么可遗憾和难过的。在漫长枯燥的人生旅途上，能够多一些让自己开心的兴趣爱好，也是非常美好的事情，它会让平庸的人生生出一些滋味来，让自己不管身处何种境地，都能拥有丰富的精神世界。如此这般，也就够了。

朝天锅

在露天支起一口大锅，烧开水，煮一些价廉的猪下水。因为露天支起的大锅是没有锅盖的，所以人们戏称之为『朝天锅』。

朝天锅的做法

食材：猪大骨、猪肝、猪肺、猪心、猪肚、猪肠、鸡蛋、肉丸、葱、姜、八角、香辛料、盐、糖、料酒、香菜、花椒粉。

1 猪大骨放入开水内焯去血水，再重新加水，加葱段、姜块、八角、香辛料等，煮成高汤。

2 在高汤内加入猪肝、猪肺、猪心、猪肚、猪肠、鸡蛋、肉丸等，继续煮开，撇去浮沫，加入盐、糖、料酒煮至肉熟。

3 碗内放葱末儿、香菜末儿、花椒粉等，冲入骨头汤。用烙饼卷上自己喜欢的食材，就可以开吃了。

京酱肉丝

记忆里的缕缕肉香

用豆腐皮包裹好肉丝和葱丝，卷起来，咬一口，肉丝的酱香、葱丝的葱香、豆腐皮的豆香，几种不同的美好滋味同时刺激你的味蕾，让你恍惚觉得这就是幸福的味道。

在山大读书的时候，因学生餐厅里的菜大多没什么油水，因此每周去小饭馆里打牙祭便渐渐成了各个宿舍的惯例。每到周六的晚上，同宿舍的几个女孩子总要相约一起去校园里某个熟悉的饭馆，点上几个爱吃的菜，边聊天边享受地道的山东美食，可谓人生一大美事也。

由于平时缺油水，因此肉菜必然是聚餐时不可缺少的主菜。当时上桌率最高的菜，一道是京酱肉丝，一道是糖醋里脊。鲁菜中的这两道菜，用料都特别实在，再加上小饭馆的盘子都格外大，满满的一大盘子肉，单单看一眼就会觉得分外满足。而这两道菜，其实也有不少相似之处，比如都是纯肉菜，由猪肉烹制而成；比如都带甜口，前者是甜咸口味，后者则是酸甜口感。

别看京酱肉丝里有个“京”字，其实它是地道的鲁菜，出自鲁菜著名的酱爆类菜肴，也是鲁菜著名的功夫菜之一。京酱肉丝是一道非常考验厨艺的菜肴，不但要求调味准确，对做菜者的刀功、炒菜手法、火候控制等方面要求都非常高。做好的肉丝应该是色泽红亮、口味咸甜、酱香浓郁、汁浓不散的。大葱在这道菜里也是必不可少的存在。山东盛产大葱，这里的大葱品质高，外观青是青白是白，十分水灵。将大葱洗净，切成细细长长的葱丝，就是京酱肉丝最默契的伴侣。酱红色的肉丝，再配以青翠的葱丝，装在盘子里，模样非常美观。而另一个京酱肉丝的搭档，则是一碟子用刀切得方方正正的豆腐皮。拿起一张薄薄的豆腐皮，用豆腐皮包裹好肉丝和葱丝，卷起来，咬一口，肉丝的酱香、葱丝的葱香、豆腐皮的豆香，几种不同的美好滋味同时刺激你的味蕾，让你恍惚觉得这就是幸福的味道。

我也曾跟随一位济南的同学回家，吃过她奶奶亲手烹制的“豪华版”京酱肉丝——包裹肉丝的不是豆腐皮，而是摊得薄薄的蛋皮。香嫩柔软的蛋皮裹着香喷喷的京酱肉丝，那滋味不由让人慨叹：此菜只应天上有，人间哪得几回尝！

如果说京酱肉丝还配以葱丝、豆腐皮，也可算作荤素搭配的典范，那么糖醋里脊则是真正意义上的纯肉菜。

我们聚餐的时候，经常会为究竟点糖醋里脊还是软炸里脊而争得不可开交。宿舍里七个女生，三个爱吃软炸的，四个爱吃糖醋的，因此大多时候都是糖醋里脊以一票的优势获胜，成为餐桌上的主菜。

我爱的是糖醋做法。软炸里脊当然也好吃，但我更加喜欢糖醋里脊那种金黄的诱人色泽，喜欢那酸甜适中的味道，喜欢那里脊肉包裹在糖醋汁里嫩滑酥软的口感。酸酸甜甜的里脊肉，吃在嘴里恐怕只能用“过瘾”二字来形容吧。

糖醋里脊是经典汉族名菜之一。在浙菜、鲁菜、川菜、粤菜和苏菜里都有此菜，其中以鲁菜的糖醋里脊最负盛名。然而奇怪的是，在网上搜索各个菜系的糖醋里脊做法，唯有鲁菜的糖醋里脊做法最简单，没有葱姜蒜炝锅的步骤，不需要番茄酱的参与，糖醋汁的调法也不像其他菜系那样复杂，里脊肉更不必多次入锅内油炸，出盘后亦不必放入葱花和香菜——或许越简单的做法越能还原菜品最本真的美味，这个朴素的道理在糖醋里脊这里得到了深刻的体现。

京酱肉丝和糖醋里脊，都属于比较平民的菜肴，价格也相对亲民，不会给我们的聚餐造成什么负担。而另一道鲁菜之中的经典名菜——九转大肠，则价格相对高一些，因此很难出现在校园小饭馆的菜单上。

我第一次吃到这道鲁菜的代表菜是在大三那年，一个哥哥来济南看我，请我去市内的一家鲁菜百年老店吃饭。

在吃饭方面略有一点儿小洁癖的我，对猪大肠这个部位，内心其实还是有着一些芥蒂和排斥的，也正因为如此，一直没有主动去品尝这道有名的济南菜。不过后来知道，九转大肠的制作胜在其功夫上，其中清洗的功夫是特别重要的一步。清洗得极干净的猪大肠再入热水锅中焯，所以根本不必担心其洁净的问题。烹制完成的九转大肠端上桌来，真的是很漂亮的艺术品——一个个肥肠卷红润透亮，整整齐齐排列着。再入口品尝，那肥而不腻的味道让我不由得暗叹：是怎样的偏见，能够让我来济南几年竟然错失如斯美味?

据说，此菜是清朝光绪初年，由济南九华林酒楼店主首创。原来的菜名为“红烧大肠”，做法别具一格：下料狠，用料全，五味俱有，制作时先煮、再炸、后烧，出勺入锅反复数次，直到烧煨至熟。所用调料有名贵的中药砂仁、肉桂、豆蔻，还有山东的辛辣品:大葱、大姜、大蒜以及料酒、清汤、香油等。这道菜口味甜、酸、苦、辣、咸兼而有之，烧成后再撒上香菜末儿，增添了清香之味。后来有客人为迎合店主喜“九”之癖，另外也是赞美高厨的手艺，为其取名“九转大肠”，说是道家善炼丹，有“九转仙丹”之名，吃此美肴，如服“九转”，可与仙丹媲美。从此，“九转大肠”声誉日盛。后经过多次改进，九转大肠味道进一步提高。后来有厨师又根据相关工艺制作出了纯粹由素食制作的九转大肠，也就是素九转大肠。

爱上了九转大肠后，我将之推荐给了很多人。于是后来隆重一些的聚会，比如有人过生日，比如有人拿到奖学金要请客，我们就去学校附近大一些的饭店，除了点几道喜爱的家常菜外，也会点些高档的菜肴，其中就包括这道九转大肠。基本上吃过这道菜的，没有不喜欢的。

上大学的时候，似乎每个人都很穷，那每个月有限的生活费，需要我们每天精打细算着花。早上一个油饼一只煎鸡蛋就是一顿丰盛的早餐，午饭通常是一份菜半份米饭，晚上则基本上一碗粥两个包子或者馅饼就解决了。但每周末的宿舍聚餐，我们都会不约而同地点一些平时舍不得吃的菜，以慰劳那委屈了一个星期的肠胃。那些弥漫着浓郁肉香的菜肴，始终是那段岁月里美好而奢侈的记忆。我们大学时代的周末时光，也因为它们而变得格外生动起来。

京酱肉丝

酱红色的肉丝，
再配以青翠的葱丝
和切得方方正正的豆腐皮，
装在盘子里，
模样非常美观。

京酱肉丝的做法

食材：猪肉、料酒、盐、鸡蛋、淀粉、葱、姜、白糖、豆腐皮。

1　猪肉切丝，将料酒、盐、蛋液、淀粉调和均匀，与肉丝混合上浆。

2　取一根大葱，洗净后少许切片，其余切成细丝备用。姜片、葱片放入碗内，加少量清水制成葱姜水。

3　锅内加油烧热，倒入肉丝炒至八成熟，捞出备用。

4　锅留底油，加入甜面酱略炒一下，再加入葱姜水、白糖翻炒，待白糖炒化、酱汁变黏稠时放入肉丝，让酱汁均匀地裹在肉丝上即可出锅。

5　肉丝装盘时，盘子内留出少许位置放切好的葱丝。再准备一碟切好的豆腐皮（也可以是摊得很薄的蛋皮）放在旁边。

糖醋里脊的做法

食材：里脊肉、鸡蛋、水淀粉、面粉、料酒、糖、醋、盐、葱、姜。

1　将里脊肉切成里脊条，加入鸡蛋液、水淀粉、面粉抓匀。

2　将料酒、糖、醋、盐、葱、姜、水淀粉、少量水加入碗里，调和成汁。

3　锅内放油烧至五成热，下入里脊条，炸至焦脆，捞出控油。

4　锅留底油，倒入糖醋汁，再倒入里脊条，快速翻炒后即可出锅装盘。

九转大肠的做法

食材：肥肠、香油、白糖、料酒、葱、姜、蒜、酱油、白糖、醋、胡椒粉、肉桂、砂仁、鸡油、香菜。

1　将肥肠进行彻底清洁后煮熟，细尾切掉不用，切成2.5厘米左右长的段，再次放入沸水中煮透，然后捞出控干水分。

2　油锅烧至七成热，下入大肠炸至金红色，捞出。

3　锅内倒入香油，烧热，放入白糖，用小火炒成深红色糖色，将熟肥肠倒入锅内，颠转锅使肥肠上色。

4　烹入料酒、葱、姜、蒜末儿炒出香味后，下入清汤250毫升、酱油、白糖、醋、盐，再用微火煨。

5　待汤汁收至1/4时，放入胡椒粉，碾碎的肉桂、砂仁，继续煨至汤干汁浓，颠转炒勺使汁均匀地裹在大肠上，再淋上鸡油，装盘即成。装盘后可以撒上香菜末儿。

小贴士

1　肥肠的清洗步骤很关键，需要里外翻洗多次以去掉残留的粪便杂物，再撒点盐、醋进行揉搓，除去黏液，然后用清水将大肠里外冲洗干净。

2　清洗干净的肥肠先放入凉水锅中加热，开锅后十分钟换水再煮一次，以便除去腥臊味。

3　煮肥肠先用大火，开锅后改用微火，煮时可加葱、姜、花椒，这样更利于除去腥臊味。

煎饼卷大葱
最豪爽的山东味道

煎饼的清香与大葱的辛辣再加上大酱的酱香，这神奇的搭配便成为齐鲁大地寻常百姓家饭桌上最简单最受欢迎的一道美食。

当初答应朋友写山东美食的时候，内心其实还是蛮忐忑的，对能否写好实在是心里没底——一来我不是山东人，二来现在也并不生活在山东。不过，后来一位朋友宽慰我说，山东地域广阔，鲁菜流派繁多，济南人未必了解胶东菜，胶东人也许对孔府菜不熟悉。你在济南生活过，现在又是胶东的媳妇，这些年还喜欢四处游历，当然最有资格写山东菜了。嗯，这话听着顺耳，于是我愉快地踏上了山东美食的写作之旅。

事实上，每写一道菜，内心都是无比喜悦的，都仿佛又一次回到了旧时光里，去品味那一道道美食，去重温当时或欢快或讶异的心情。当然，有时候，那菜或许足够经典，却并不是我所喜爱的，甚至于，并不是我所能够接受的。

刚到济南读大学的时候，第一次看到食堂的一个橱窗里在售卖摆放整齐的洗得干干净净的生大葱时，觉得非常不解；而第一次看见我们班一个男生拿着根大葱边嚼边优哉游哉地走出食堂时，我简直惊呆了。

印象中，能够生着品尝的葱类应该是那种细细嫩嫩的小葱，蘸着面酱吃可谓清爽无比，淡淡的辣味也能够给味蕾以满足感。而大葱，似乎只能是被切成葱花作为炒菜之前用来炝锅的作料而存在，即便生着吃，也应该出现在烤鸭、京酱肉丝的配菜里，以葱丝的形象示人。生嚼大葱，这样的场景在我来山东之前从未见过也绝对难以想象。而当年即便是亲眼见到，我也很难理解，甚至怀疑那样辛辣刺激的食物不进行加工便直接入口，真的会给人带去美味的感觉吗?

后来才知道，生吃大葱在整个山东都颇为普遍，且鲁菜里有一种极为经典的吃法——煎饼卷大葱。

第一次吃煎饼是大一的下学期刚开学，对面宿舍的一位家在海阳的女生从家里带回来许多小米煎饼，是她妈妈亲手一张张摊好让她带回学校分给大家品尝的，我们宿舍也分得了一些。当时吃过第一口之后，真的再也吃不下第二口——虽然闻起来有小米的清香，但尝起来基本上没有任何滋味，且这煎饼韧性十足，嚼起来很是费牙。彼时脑海里唯一一个形容词是：味同嚼蜡。事实上，有这种感觉的并非我一个，除了宿舍里的两位山东姑娘，其他人基本上都没办法爱上这一山东传统主食。

大一时开书法课，毛边纸是上课时必不可少的工具之一。后来剩下的几张实在吃不下的煎饼，被我们灵机一动，拿来当作毛边纸写毛笔字，没想到效果竟然奇佳——煎饼的吸水性比毛边纸好太多了，写出的字一点儿都不洇，触笔的感觉也更加顺滑流畅。

多年后当我慢慢喜欢上煎饼，回想起当年的举动，不由内疚，真是暴殄天物啊。

在山东当地，烙煎饼的工具主要有三件：一是圆形的鏊子，一般是铁制的，中心稍凸，下有三足，其下用柴草或煤炭加热，上面即可烙制煎饼。鏊子是烙煎饼的专用工具，《康熙字典》有“鏊”字条，唐人《朝野佥载》中有“熟鏊上猢狲”语，从而可知煎饼的历史有多么悠久。二是手持用来推动糊子的工具，当地人叫“篪子”，木制板状弧形，有柄。把糊子放在热鏊子上之后，用篪子左右推摊，糊子便薄薄地摊在了鏊子面上。也有的用筢子，还有的用“竹劈”，做法相同，烙出来的煎饼却各有特点。三是油擦子，山东人称之为“油褡子”，是用十几层布缝制的方形擦子，上面渗着食用油，用来擦鏊子，目的是防止煎饼粘连鏊子揭不下来。

当然，为图省事，现在不少人会使用煎锅或是电饼铛来烙煎饼。只不过那样一来，会让煎饼失去了其最原始的风味，多了些现代气息，少了点古朴的味道。

煎饼种类繁多，根据使用原料的不同，可分成小麦煎饼、玉米煎饼、小米煎饼、高粱煎饼、地瓜煎饼等。小麦煎饼和小米煎饼应该是煎饼家族里最最根正苗红的两种。然而多年后我无意中喜欢上的，其实是玉米煎饼和地瓜煎饼，它们除了具有一般煎饼所散发出的粗粮的清香外，还有玉米、地瓜的淡淡甘甜，因此咀嚼起来会觉得满口生香。

后来从山东朋友那里知道，煎饼还有独特的保健功能。这不仅因为它大多属于粗粮的范畴，更因为食用煎饼需要较长时间的咀嚼，因而可以生津健胃，促进食欲，加强面部神经运动，从而有益于保持视觉、听觉和嗅觉神经的健康，延缓衰老。

写到这里，忽然觉得山东人民真是太低调、太不会宣传了，单就这“延缓衰老”一项，便可将煎饼列入受女性欢迎的保健食品行列,掀起全民吃煎饼的热潮。事实上，真正知道煎饼诸多优点的人可谓少之又少，着实有点对不起如此优秀的美食。

煎饼和大葱搭配在一起，可以说是山东各地最为流行且经典的吃法。甚至很多人一提起山东美食，首先想到的就是这道煎饼卷大葱。

在这道美食里，大酱是必不可少的角色，起到了将煎饼与大葱连接起来的桥梁作用。大酱是由黄豆、蚕豆等为主料，以适量的麦麸、淀粉、盐、糖等作为配料，利用毛霉菌的发酵作用制作而成的。据史料记载，大酱是中华民族在发酵业中的一项特殊成就，早在夏、商、周三代就有关于豆酱、酱油的记载。

食用的时候，先在煎饼皮上抹上大酱，再放上切好的葱丝和事先摊好的鸡蛋，卷起来便可享用。

吃一口煎饼卷大葱，葱的香气伴着辣味刺激你的神经，顿时会令你由丹田陡然升起一种豪爽之气。想那武松也一定爱吃这煎饼卷大葱，打虎的那天没准儿就是拿这道美食下的酒才壮了英雄胆；那水浒一百单八将在聚义厅大快朵颐之时，说不定最后一道就是这最具山东特色的煎饼卷大葱呢……

可以说，煎饼卷大葱这种吃法，是最地道的山东味道。跟山东人给大家的印象一样，豪爽、不拘小节，而又令人回味无穷。

其实在华北地区，也有卷大葱的吃法，不过煎饼换成了烙饼，或者是薄饼，自然是另外一种味道。

听同学说，关于煎饼卷大葱，还有一个动人的传说。故事的开端自然是在很久很久以前，沂蒙山下的一个美丽的女孩和同村的穷书生相爱了，她的继母为了拆散两人，把书生接到家中，名为请他来家里读书以便考取功名，实则将其关了禁闭，只提供纸笔却不给饭吃。女孩听说以后很着急，后来灵机一动，用面烙了很多薄薄的饼，看上去像白纸一样，再用大葱做成毛笔的样子，让丫鬟把它们当作纸笔送进书生的房间去。书生靠煎饼卷大葱果腹，得以安心念书，后来考取了状元，将女孩接到京城成了亲。故事的结尾自然也是很落俗套的王子与公主从此过上了幸福的生活。

世俗的故事散发着世俗的幸福味道。

不管怎样，煎饼卷大葱的吃法就这样流传了下来，那煎饼的清香与大葱的辛辣再加上大酱的酱香，这神奇的搭配便成为齐鲁大地寻常百姓家饭桌上最简单最受欢迎的一道美食。

山东人对煎饼卷大葱的爱，就如同北京人爱豆汁、天津人爱煎饼馃子、武汉人爱热干面一样。煎饼卷大葱虽然不是那种能登大雅之堂的菜肴，却深深地渗入当地人的骨髓，成为必不可少的一种存在，其他任何食物都无法取代。

当然，这道菜固然经典，但吃完可千万别忘记嚼一颗口香糖或是一点儿茶叶，否则开口讲话会被他人嫌弃的。

煎饼卷大葱

吃一口煎饼卷大葱，
葱的香气伴着辣味刺激你的神经，
顿时会令你由丹田
陡然升起一种豪爽之气。

煎饼卷大葱的做法

食材：细玉米面、白面、盐、大酱、芝麻酱、香油、鸡蛋、葱。

1 把细玉米面和白面混合，加一点儿盐拌匀，再加入清水搅成面浆，醒一小时后再搅拌均匀。

2 电饼铛烧热，用油擦匀，舀一勺面浆倒在上面，用刮板把面浆刮匀。

3 煎饼稍一卷边便可翻面，然后取出备用。基本上一分钟可烙一张。

4 把大酱、芝麻酱、香油混合拌匀，摊好鸡蛋，切好葱丝。

5 在煎饼上抹酱，再放上葱丝和摊鸡蛋，卷起来即可食用。

戗面馒头

手艺里的智慧与时光

戗面馒头与普通的馒头相比，还有一些“戗火”之处，那就是现在普通的馒头用的是速成法——用发酵粉迅速发酵，快速制作；而戗面馒头则靠的是时间与心态——用面肥发酵，用心揉面。如果将普通馒头比喻成简易快餐，那么戗面馒头则无异于饕餮盛宴。

一提起馒头，人们脑海中浮现的首先是雪白的、圆圆的、热气腾腾的形象，馒头捏上去软软的，撕开后，里面大大小小的气孔，散发出小麦的香味。

但在中国的面食中，有一种比较独特的馒头做法，叫戗面馒头。戗面馒头与一般的馒头不同，拿在手中不是柔软的，而是充满弹性的，撕开的时候，不是那么轻松，而是需要费一点儿力气，因为那馒头充满韧性。待撕开后你会发现，馒头是一层一层的，就像大树的年轮，气孔也不像普通馒头的那么大，而是细密的小孔；馒头凉了之后，吃到嘴里，筋道的口感和麦香便充满口腔。

突然想，为什么古人用“戗面”这个词？“戗”本身就是指两个人闹矛盾，故意反着进行语言的交锋，故意“戗火”。在天津话里，“走戗道”就是逆行的意思。而这“戗面”，也就是让本来经过发酵应该蓬松的面食反其道而行之，变得不那么“暄”，而是格外瓷实。也许这才是“戗面”真正的含义吧。

在反映典型山东人性格特点的古典小说《水浒传》里，武大郎沿街售卖的“炊饼”令人印象深刻。关于“炊饼”究竟是现今的何物，有许多不同看法。最普遍的解释是，所谓的炊饼，是一种蒸熟的面食，类似于今天的馒头或蒸饼。我的父亲是训诂学方面的专家，他认为炊饼其实就是馒头。后来在电视剧《水浒传》里，我们看到武大郎售卖的炊饼确实就是馒头，说明编剧也认同这样的解释。

当然，此馒头非彼馒头。古时的馒头，指的是山东戗面馒头。

戗面馒头与普通的馒头相比，还有一些“戗火”之处，那就是现在普通的馒头用的是速成法——用发酵粉迅速发酵，快速制作；而戗面馒头则靠的是时间与心态——

用面肥发酵,用心揉面。如果将普通馒头比喻成简易快餐,那么戗面馒头则无异于饕餮盛宴。

山东戗面馒头无论从制作工艺的复杂程度还是其口感上，都不是酵母馒头所能够比肩的。

在山东，传统上制作戗面馒头，是用面肥作为引子进行和面、发酵，还需要兑入合适的碱水，再加入一定比例的干面粉反复地揉。所谓面肥，即上一次制作馒头时留下的一小块发好的面。

老面肥保存之后会变得干燥。用之前，首先要将老面肥用手掰碎，加温水化开之后，再倒入面粉中正常和面。然后将面盆放在温暖的地方，盖好盖子，静等那些看不见的酵母菌进行忙碌的工作。如果静静倾听，甚至能听见面团在酵母菌作用下不断蓬松的声音。如果温度合适，半天多时间面基本就可以发好，用手抓起面，可以看到原来细密的面团中已经全是蜂窝状，闻起来有股酸味。将食用碱沏成适量碱水，倒入面团，加上一些干面粉，不断揉按，让面团充分混合，放在面板上，用刀切或者手工揪成剂子，每个剂子朝一个方向揉成馒头形状，放入笼屉内，大火足汽十五至二十分钟后关火，等几分钟再开锅盖，一锅香喷喷的戗面馒头就出锅了。

做任何馒头，都要把握一个关键，就是酸碱的中和程度。碱的多少，是决定馒头口味的标尺，掌握好这个度，也是一个面点厨师最基本的要求。其秘诀说起来也简单，那就是一边揣碱一边撕开一点儿面闻一闻。碱不够，面就是酸的。只有当闻到那种小麦面粉特有的香气，才是恰到好处。

有一次我在市场里买戗面馒头，一位大姐跑过来找大师傅买揣好碱的面团，回去自己蒸。我很热情地介绍这个秘诀，那大姐似乎感觉我在嘲笑她不会做饭，不屑地说："你说得简单，哼……"然后拿着人家称好的面，扭着腰肢走开了。做馒头的师傅朝我苦笑一下。

其实那大姐不懂，如果时间稍长，哪怕是刚才酸碱中和最合适的面，里面也会发生变化，那些淘气的酵母菌会一直工作，慢慢打破平衡，酸性逐渐呈现出来——不知那位大姐后来蒸的馒头是不是有点儿酸？

做戗面馒头，最重要的步骤就是揉面，一层层地揉，耐心地揉。可以说，制作戗面馒头，用的是功夫，揉进去的是时间，体现的是一种淡定的生活态度。

戗面馒头蒸好出笼后很漂亮，个头儿大、色泽洁白、表皮光亮，入口后耐嚼，十分香甜。吃戗面馒头，你可以吃出来小麦的香味儿，甚至可以吃到小麦成长时所吸收的阳光的味道——暖暖的，甜甜的，一丝丝地沁人心脾。

吃馒头的时候，最好撕着吃。把馒头撕成一片一片的，放在嘴里，嚼头好，充满韧劲儿，让你不得不慢下来，去体会祖先留下来的传统饮食文化精髓，去感受那些消耗在馒头制作过程中的时光。

戗面馒头也比一般的馒头耐存放，放得久一些也不容易变质，原因是水分少。

虽然都是馒头，但戗面的更实在，不会那么松软，吃起来更香更有嚼头——正如山东人朴实而坚韧的性格。

我第一次吃戗面馒头，是在山大读书的时候，但并非在学校食堂里。食堂的师傅们自然是没有闲工夫给万余名学生制作戗面馒头的。来自山东的同学吃着食堂里的馒头，常常会说，这跟我家的馒头比，完全不是一个味道。

有个周末，我跟济南的一位同学回家，吃到了她奶奶蒸的戗面馒头，我才知道，馒头原来可以是不松软的，可以是有嚼头的，可以让你在咀嚼的过程中品尝到那样甘甜的滋味。

当然，我也观赏到了同学奶奶制作馒头的过程，其实已经是改良后的做法，没有用面肥而是用发酵粉，但将干面粉一点点儿和入的过程丝毫不马虎。也正因为知道了制作过程的不易，那馒头吃起来才格外香甜吧。

在同学奶奶慈爱的目光下，我们一点点儿地咀嚼着刚出锅的戗面馒头，再配以济南当地的美味菜肴，真是一种难得的享受。

后来我跟同学们去济南的一些小餐馆吃饭，也会问人家有没有馒头；如果有，是不是戗面馒头；如果是，定会要几个来尝一尝。吃了那样的馒头之后，觉得整个人都是喜悦和满足的。

回到天津工作后，一次下班途中因为要去办点儿事，走了一条与往日不同的路，无意之中发现路边有间很小的店铺，前面立个大大的牌子，上面写着“山东戗面馒头”几个字，不由心中一喜，赶紧靠边停车，去买了几个，顺便还跟老板寒暄了几句。原来老板一家确实来自山东，老家在潍坊。他家经营多种面食，其中尤以馒头卖得最好，且顾客多是回头客。当时我去买的时候时间尚早，若是到了下班高峰，是要排队才能买上的。

回家之后，迫不及待地拿起一个馒头，撕下一块品尝。那久违而熟悉的味道，立时让我有种想要流泪的冲动。

是的，就是那样的味道。

山东戗面馒头，不管经历了怎样的时间流逝、沧桑变化，这门手艺都流传了下来，并会一直流传下去。还有什么比这更让人欣喜和感动呢？

戗面馒头

戗面馒头蒸好出笼后很漂亮，个头儿大、色泽洁白、表皮光亮，入口后耐嚼，十分香甜。

泉城大包

奋斗岁月中的美味回忆

泉城大包是济南地地道道的传统特色小吃，它最大的特点当然是个头大，跟家常包子相比，一个大包能顶两三个普通包子。

1999年春天，我读大四。在得知考研落榜的消息后，我便和同学们一起匆匆踏上了求职的征程。

那时亚洲金融危机刚过去不久，经济形势不乐观，1998届的毕业生，也就是我的学长们找工作的惨痛经历已为我们敲响了警钟：不要眼高手低，抓住每一次机会，尽量先就业后择业。

那段时间，制作简历、参加各种招聘会、投简历、面试、笔试，成了生活的主旋律。每天疲于奔命，每天情绪低落。

一天，接到辅导员老师的电话，得知一家规模不小的电视新闻节目制作公司在招聘记者，我和几个还未找到工作的新闻专业的同学便报了名。经过简历筛选环节，我和当年一起创办诗社的同学老徐入围面试。面试时，公司给出了一道颇为复杂的题目。当时，济南城区内的一条河忽然有大量鱼类浮出水面并相继死去，一时轰动全城。公司让我和老徐去现场实地调研，再各自采写一篇新闻通讯。

我和老徐先后去了好几趟那条河的河岸，采访了很多喜欢在河边遛弯的老人，甚至还顺着河流往上游走了很远，想寻根溯源看看究竟有没有污染的源头。我们俩都如期交上了新闻稿件，最终我被录取，成了那次招聘中唯一一个杀出重围的幸运者，随后开始了在这家公司为期两个月的实习生涯。

这是一家魔鬼式管理的公司。公司提供食宿，由于公司成员基本都是未婚的年轻人，大部分人都住在公司的宿舍里，处在实习期的我也如此。几乎每天早上，大家起床洗漱吃早点后，尽管离早上八点的上班时间还早，却已经开始了一天紧张忙碌的工作，策划选题、讨论拍摄进度、研究主持人的串词……作为有中文和新闻专业背景的我，负责各专题片的主持人串词、一些新闻片的剧本编排，有时候还要跟随摄制组出外景，客串一下出镜记者。这样繁忙的工作状态，一天下来总要持续到晚上十一二点才能休息，有时候回到宿舍，累得顾不上洗澡便倒头大睡过去。

那时候的午饭和晚饭，我们都是吃公司给订的盒饭。盒饭虽算不上简陋，但终归总是那几样菜品，做法也是千篇一律。同部门的一位担任新闻专题片主持人的女生小马，是前一年刚刚毕业的大学生，因我们年龄相近、性格也合得来，很快就成了寸步不离的好朋友。我俩都属于挑食的人，每人都有若干样蔬菜完全不吃或不喜欢吃，于是每次盒饭里有我们不吃的菜时，小马便会打电话给附近一家新开张的包子铺，订几个泉城大包来吃。

包子是祖国各地人民都钟爱的美食，各地的包子也各有特色。天津的狗不理包子、上海的生煎包、江苏如东地区的蟹黄包、江南一带的小笼包……都令人印象深刻。泉城大包是济南地地道道的传统特色小吃，它最大的特点当然是个头大，跟家常包子相比，一个大包能顶两三个普通包子。泉城大包选料精细，做工考究，配料丰富独特，味道醇厚，而且花色品种多。在我读大三的那年，泉城大包还获得了“中华名小吃”称号。

泉城大包真的是个头超级大的包子，一个包子估计有好几两重。我最喜欢猪肉豆角和茄子肉丁馅儿的，小马作为地道的济南姑娘，最爱吃猪肉大葱、猪肉三鲜馅儿的。我们两个女生，每人每次吃一个大包就已经饱了，如果实在觉得好吃，便两人再分着吃掉一个。美味的大包子，再配上我们自己用电热杯熬得浓稠的小米粥，就是特别舒服的一餐了。因为外卖需要订五个以上的大包才给送货上门，因此我们每次最少也要订五个大包，我俩吃不了的，就送给其他同事换换口味，美味的大包子常常能赢得大家的无数称赞。于是后来同事们遇到盒饭里有自己不爱吃的菜时，也会效仿我俩去订几个大包，大家分而食之，不亦乐乎，也算是那段快节奏的紧张生活里唯一的乐趣了。

在公司实习了将近两个月的时间，连轴转的工作状态让本来就偏瘦的我又瘦了好几斤，其间很少生病的我还发烧了一次，输了液才好。父亲打电话得知我的繁忙程度，因担心我的身体状况，劝我有别的机会尽量不要选择留在这家公司。那时候刚好我曾实习过的一家广播电台公开招聘记者，我便报了名，经过三轮面试和笔试的严苛筛选后，我以笔试第一名、面试第二名的成绩位列总成绩榜第二名。自以为进入电台工作已是十拿九稳的事，便向这家公司的老板递交了辞呈。一向以严肃面孔示人、对工作要求近乎苛刻的老板第一次变得和蔼可亲起来，告诉我他对我实习期间的工作表现非常满意，本想提拔我去总编室的，还表示以后如果我想回来可以随时回来。当时竟真的让我有些感动。

后来我并没有被电台录取，这样的结果也在情理之中，只是可惜了我为那三次考试所付出的努力。但我也并不想回这家制片公司继续工作了，那样高强度的工作状态，此后每次回想起来都心有余悸，虽说年轻人应该努力拼搏，但也绝不应该以牺牲个人健康为代价。后来由于各种机缘巧合，我终于还是回到了天津，在当地的一家媒体工作至今。

在那家公司工作的时间虽然不长，但那段日子大大锻炼了我的各方面能力，尤其是抗压能力，为我后来能够成为一名合格的新闻工作者奠定了坚实的基础，同时我也认识了好几位志同道合的好朋友，他们给予我的帮助和支持令我受益良多。还有那香气扑鼻、味美醇香的泉城大包，我又怎么能忘记？它是伴随我奋斗岁月的最美味的回忆。

泉城大包

泉城大包选料精细，做工考究，配料丰富独特，味道醇厚，而且花色品种多，还获得了『中华名小吃』称号。

手擀面
传统面食的变化万千

擀面杖上下翻飞之间，那面团就变成了宽大的薄薄的面皮，几番折叠之后，再用刀细细地切，一堆一堆的面条便出现在面板上。仔细看，那面条粗细均匀，长度几乎一样，上面还沾着些许面粉，模样十分窈窕美丽。

我国民间自古就有“南米北面”的说法，简单的四个字道出了南方与北方的饮食差异。对于北方人来说，虽然米饭也是饭桌上常见的主食，但面食的主导地位却是不可撼动的。毕竟小麦才是北方最重要的农作物，其产量和品质都是水稻所不能比肩的。而且，与大米较为单一的做法不同，白面能衍生出丰富多彩、形状不同、口味各异的面食——馒头、花卷、大饼、烧饼、包子、饺子、馅饼、面条……这些都是北方人饭桌上常见的美食。逢年过节吃饺子，家有喜事吃面条，也是北方很多地区约定俗成的饮食传统。

不过，我从小就不喜欢吃面条。那时候，父亲工作繁忙，母亲身体不好且不太擅长做饭，家里吃的面条，通常是从商店里买回来的挂面。挂面下锅煮后，很容易绵软，吃起来软塌塌的，口感很一般。

我读小学六年级的时候，母亲去世，父亲担负起了既当爹又当妈的重任。父亲非常聪明能干，学做饭虽是半路出家，却上手很快，蒸馒头、包包子、包饺子等等都不在话下。唯独他不会擀面条，我们吃的面条，依然是从外面买回来的挂面。因为我不喜欢吃，所以家里吃面条的次数也不多。

再后来我去济南读书，发现山东人在面食制作上非常有特色。一次，在散落于校园角落的小饭馆里，我和同宿舍的几个女生吃到了美味的西红柿鸡蛋手擀面，面条是老板娘纯手工制作的，筋道极了，跟我以往吃过的挂面真不可同日而语，面条的汤汁也浓郁鲜美，虽是简单的西红柿鸡蛋面，却香气四溢，是我从来没有尝过的美妙滋味。自那以后，我们几个女生在外面聚餐，吃完几个炒菜后，通常会点一大盆西红柿鸡蛋面，一人一碗，很快就见了底儿。就是从那个时候起，我渐渐爱上了手擀面。

结婚以后，因为先生家在胶东，每年寒暑假我们回去，婆婆都会变着花样给我们做好吃的。我先生最喜欢的打卤面，成为每隔几天就会出现在餐桌上的饭食。家里的面条都是婆婆手擀出来的。我特别喜欢看她擀面条，那简直就是一种视觉上的享受。擀面杖上下翻飞之间，那面团就变成了宽大的薄薄的面皮，几番折叠之后，再用刀细细地切，一堆一堆的面条便出现在面板上。仔细看，那面条粗细均匀，长度几乎一样，上面还沾着些许面粉，模样十分窈窕美丽。待锅内水开，下入面条，用不了一会儿，美味的手擀面就可以出锅了。这面条十分有嚼头，细细咀嚼，会品尝到小麦散发出的怡人清香。

在胶东半岛，打卤面的卤跟我传统认知里的西红柿鸡蛋、猪肉香干等卤子截然不同。这里的卤通常是用芸豆、猪肉等原材料制成，有时候还会加入虾肉、海参、牡蛎肉等海鲜，这些原材料统统切成细细的丁，大火翻炒后加热水，水开后打入蛋液，再加盐、香油等调料即成。这样的卤，色泽清淡，味道鲜美。芸豆也可以用扁豆、茄子、白菜等取代，会有不一样的风味。

将这独具特色的卤淋到手擀面上，那一碗色香味俱佳的打卤面会惹得你食指大动。

为了不千篇一律，婆婆有时候还会做一些炸酱。山东的炸酱也与我以往吃过的不同，细细的猪肉丁配以同样切得细细的土豆丁或茄子丁，炒熟后加入葱花、盐和黄酱，就是非常美味的炸酱了。在面条上浇上卤和炸酱，两种不同的口感彼此融合，交相辉映，真是别有一番风味。

此外，那煮过面条的汤，也是不可多得的美味，那里面有煮面条的过程中面条散落在其中的面粉，因此是真正意义上的“面汤”，同时面条里面的盐味也进入了汤里，喝一碗，浓浓的，咸咸的，面粉的清香扑鼻，十分可口。所谓原汤化原食，在手擀面这里也是一样的道理。

几年前我怀孕的时候，孕吐非常剧烈，能吃的东西少之又少，尤其一吃米饭就会引起胃酸，狂吐不止。来天津照料我的婆婆便经常做手擀面给我吃，说面条有营养也好消化。事实也的确如此，吃下一碗热乎乎的面条，胃似乎能舒服不少，那卤也清淡，不会因为油腻而引发不适。于是有很长一段时间，我的主食基本就以手擀面为主，即便天天吃也不腻。

后来儿子出生后，不到一岁就可以自己用筷子吃面条了。他非常喜欢吃奶奶做的手擀面，三岁的时候就能吃满满的两碗面，还会去挑卤里面的虾肉吃。这样爱吃面条，有可能是得益于当年的“胎教”吧！

也曾经跟婆婆学着去做手擀面，但因为我力气小，擀面条又需要将面和硬，因此一到擀面皮那一步就进行不下去，常常是擀到一半就胳膊酸痛，只好交给婆婆继续完成。

婆婆年幼的时候是家里唯一的女孩，上面还有四个哥哥。饶是如此，她并没有获得娇生惯养的境遇，而是小小年纪就开始帮母亲分担家务活，家中的各种活计都难不倒她。七八岁的时候，婆婆就开始随她母亲一起做饭，十二三岁就会蒸馒头、擀面条这些较为复杂的厨艺。不过毕竟年纪小体力有限，据说一开始擀全家七口人的面条，中途也是要休息几回的，等年纪再大些就可以一次性完成了。所谓穷人的孩子早当家，大抵就是这个意思。

于是我只好悻悻地放弃了学擀面条的宏伟目标。那样的童子功，想来是我练习多少年都无法媲美的吧！

手擀面

这面条十分有嚼头，细细咀嚼，会品尝到小麦散发出的怡人清香。

手擀面的做法

食材：面粉、鸡蛋。

1 面粉中打入一个鸡蛋，加少许盐，揉成面团。待揉到“面光、盆光、手光”的和面最高境界后，再继续揉十五到三十分钟。刚揉好的面团韧性太强，不太容易擀成厚薄均匀的面片。需要盖上湿的干净屉布或者纱布，将面团放在盆内静置三十分钟左右。

2 在案板上撒些干面粉，俗称“薄面”。用长擀面杖将面团擀成薄薄的、厚度均匀的大面皮，长方形、圆形均可。

3 把面皮层叠起来，为避免粘在一起，要在面皮间都撒上一层薄面，用完全干燥的利刀，采用直切法缓慢而均匀地切下，面条的宽细可根据自己的喜好随意掌握。

4 往切好的面条上撒较多的薄面，然后轻轻地搅动面条，直到根根分明互不粘连，再把面条提起抖掉多余的薄面，将面条放在面板上晾干。虽然可以马上下锅，但如果时间充裕，放置三十分钟稍微晾干再下，煮出的面条口感会更好。

螺丝糕
与足球和美食相伴的夏天

螺丝糕是济南传统的糕类美食，其做法据说是一百多年前由三位徐氏兄弟从南京带回来的。为了满足济南当地人的口味，徐氏三兄弟将糕的原材料进行了改良，咸香的口味立刻受到北方人的喜爱。

如今回想起来，我们大学时代还真的经历了不少大事件。比如 1997 年的香港回归，1998 年亚洲金融危机，还有 1998 年夏天的那场令人刻骨铭心的世界杯盛宴。

那时候，学校里的女球迷并不多，我算是其中之一，这主要是因为从小受到球迷父亲的影响，很小年纪就喜欢观看这项在绿茵场上奔跑的运动。世界杯赛、奥运会足球赛、欧洲杯、欧洲三大杯赛，甚至国内当时的甲 A 联赛，都是我非常关注的比赛。

1998 年，我念大三，世界杯举行的时候正值炎夏，也正是我们期末考试的阶段，因此熬夜看世界杯球赛的女生可谓凤毛麟角。整个女生宿舍楼，只有我和经管学院一名女生小黄对足球非常着迷，愿意以牺牲睡眠的代价换取那一场足球的饕餮盛宴。

小黄家在北京，因为跟我同宿舍的一位姑娘是老乡，所以慢慢地跟我也熟了起来。事实上，对于足球，小黄比我痴迷得多，是彻头彻尾的铁杆球迷一枚。为了能看世界杯比赛，她不惜血本买了一台二手小电视机。由于我们的宿舍楼每天晚上都要熄灯，她又从物理系的老乡那里学会了如何把宿舍走廊里的电接出来。

那真是一段有点儿疯狂的日子。济南酷热难耐的盛夏，每次有比赛的夜里，别人早已进入甜美的梦乡，小黄都会从位于楼层最西头她的宿舍，蹑手蹑脚地走到位于楼层最东头的我的宿舍——因为夏天太热所以大家都开着门睡觉——走到我的床前叫醒我，然后我俩做贼一般搬一张桌子、两把椅子到楼道里，把小电视机放在桌子上，再把楼道里的电接下来。一切准备妥当后，两个人围坐桌前聚精会神地观看比赛。为了不打扰其他同学休息，我们一般都把电视调成静音状态。

那真是无比紧张和充实的一个月，生活节奏一下子快了起来。几乎每个有比赛的夜晚，我们俩都会如此这般地从深夜坚守到黎明，为自己喜欢的球队加油鼓掌——当然是不敢发出声音的鼓掌。依稀记得偶尔会有夜里起夜去洗手间的女生从我俩身边走过，看见我们这华丽的阵势，要么投来诧异的目光，要么给予理解的笑容，还有的甚至会停下来跟我们一起看上一会儿，不时地点评上几句。那种一下子便熟络起来的默契，无须多说什么就能达成。比赛结束后往往已是黎明将近，我们快速打扫"战场"，再匆匆地回各自的宿舍打个盹儿，等天亮了再起床去教室里复习功课或是参加考试。

小黄对于有人能陪她看球是非常欣慰的，也许是作为女球迷的她已孤寂了太多年吧。怕我不能坚持到最后，她从第一次看球那晚，就带了各种休闲食品来"贿赂"我，瓜子、话梅、豆腐干、饮料……满满的一大兜子应有尽有，让人非常意外的是，里面还有济南很有名的一种小点心——螺丝糕。"补充能量才能有力气坚持看球。"小黄一本正经地如是说。

我最喜欢的当然是螺丝糕。那炸得脆脆的外皮，嫩嫩软软的糕瓤，咬一口，葱香扑鼻，即便不再是刚出锅时烫嘴的口感，吃起来也依然是美妙绝伦的滋味。

螺丝糕是济南传统的糕类美食，其做法据说是一百多年前由三位徐氏兄弟从南京带回来的。为了满足济南当地人的口味，徐氏三兄弟将糕的原材料进行了改良，咸香的口味立刻受到北方人的喜爱。从此此糕出现在了济南的大街小巷，人们甚至称之为“徐氏螺丝糕”。之后也有很多餐馆开始供应这种小吃，渐渐地油炸螺丝糕就成为济南的传统特色小吃。

螺丝糕成了我们看球时的必备小零食，有时是小黄去买，有时是我去买。常常是傍晚从自习室出来，步行去校门外的小吃街，吃罢晚饭后买上一兜螺丝糕带回来，便拥有了一个既能欣赏足球又能享受美味的夜晚。

那一届的世界杯，至今令人记忆犹新。记得是在八分之一决赛的时候，英格兰和阿根廷冤家路窄地相遇了。那是一场情节跌宕起伏的球赛，场上火药味儿很浓，最终年轻气盛的贝克汉姆犯了超低级的错误被红牌罚下，间接导致了英格兰队的出局。喜欢英格兰队的我，看球时精神一直很紧张，直到比赛结束的哨音响起，才一下子瘫坐在椅子里，再没了半点儿力气。小黄说：“别郁闷了，吃东西吧。”我叹口气，接过她递来的美味螺丝糕，化悲痛为食欲，大快朵颐了一番之后，心情总算又好了起来。

那个难忘的夏天，空气里总是弥漫着一股螺丝糕的咸香气息。那是怎么吃都不会长胖的年纪，即便经常夜不能寐，并且在深夜里吃油炸食品，一个月下来我居然还瘦了两斤，显然是过于劳心劳力了。

如今我已快步入不惑之年，尽管对油炸食物依旧情有独钟，但早已不敢像多年前那样肆无忌惮，再喜爱的美食也不过是浅尝辄止。不过，倘若下次有机会回济南，我是一定要去尝一尝这想念了多年的螺丝糕的，就算是对1998年夏天的缅怀，以及对那充满了激情的大学时光的纪念。而已经失去联系多年的女生小黄，不知她现在可好？是否也曾怀念那一段与足球和美食相伴的岁月？

螺丝糕

那炸得脆脆的外皮，
嫩嫩软软的糕瓤，
咬一口，葱香扑鼻，
即便不再是刚出锅时烫嘴的口感，
吃起来也依然是美妙绝伦的滋味。

螺丝糕的做法

食材：中筋面粉、低筋面粉、猪油、莲蓉。

1　在中筋面粉里加入水、猪油，用手使劲揉面，直至面团出筋。

2　再取用低筋面粉，将之与猪油混合，揉成油心备用。

3　将面团揉成长条状，切成若干小面团，用手压扁，每片中间包入油心，再用擀面杖擀平，折三层再擀平，如此这般重复三次，最后一次擀平后，从前端慢慢往后卷起来，再用擀面杖擀成圆形，这就是螺丝糕的酥皮。

4　将每一片酥皮中间包入莲蓉馅儿，然后用手搓圆。

5　油锅烧热，转小火，将螺丝糕放入锅内慢慢煎炸，直到浮起，外皮呈金黄色，即可出锅。

甜沫

美味与诗歌相伴

“茶汤非茶，米香四溢更胜茶；甜沫不甜，阅尽五味方得甜。”这泉城二怪，是到济南必品尝的美食。

去年最让我开心的事，就是再次跟老徐取得了联系。

老徐是我的大学同班同学，也是我的诗友。现在想来，大学时代我做过的最有意义的事情，应该就是跟老徐等几位在诗歌写作上志同道合的同学一起，创办了山大第一个学生诗社——江雪诗社。

那个时候，一进山大中文系，我们就被灌输了这样的思想：你们要努力成为优秀的做学问的人，而不是作家、诗人。因此那个时候，写作只能是大家的业余爱好，更多的时间还是被投入专业课的学习中。而写诗，看起来就更像是“旁门左道”，几乎可以与不务正业画等号。

这是一个很奇特的现象。小说、散文写得好不是本事，而文学评论家、文艺理论家才是楷模。写诗也不是学问，更没什么值得称道的，当然诗歌评论家就另当别论了。

所以那个时候，几个喜欢写诗的十八九岁的年轻人，凭着对诗歌的满腔热情，在没有任何人支持的情况下成立了自己的诗社，并且自己集资出版了诗集，其中的艰辛已无法用言语来形容。

具体出版诗集的事情是我和老徐负责。老徐来自山东高密，是个沉默寡言还有点儿个性的男生，写的诗也个性分明、独具特色。他曾经给我看过他拍的一张关于家乡高密的风景照，在铺满青草的山坡上，零零散散的牛羊在吃草，一条小河蜿蜒而下，景色纯净而美好。十几年后，他的一位老乡莫言获得了诺贝尔文学奖，莫言笔下的“高密东北乡”也随之尽人皆知。

进入大学以后，几个喜欢诗歌的同学自然而然凑到了一起，经常利用课余时间探讨当代诗坛，交流所写诗作，于是便萌发了创办诗社和印刷诗集的念头。大一的课程比较紧张，我们只能利用课余时间进行有关诗集的各项工作。从同学中征集诗作，选稿、编辑、排版、找性价比最高的印刷厂……因为得不到老师的支持，这些工作我们只能暗地里进行。为了一个封面题字，老徐曾先后三次去恳求一位精通书法的教授，最终以诚意打动了教授，拿到了他书写的“江雪”两个字。

诗社和诗刊皆命名为“江雪”，是取柳宗元的那首《江雪》里“孤舟蓑笠翁，独钓寒江雪”之意。文学本就是阳春白雪，其中的诗歌更是曲高和寡，我们这些热爱诗歌的青年，则无异于那在一片寒江之上独自垂钓的人，孤独而倔强，冷清却热烈。

那是一段与诗为伴的岁月。每天晚饭过后，别的同学去上自习，我和老徐则找个人少的教室做诗集的编纂工作。为了不影响别人看书，我们经常是用写纸条的方式把一些意见和建议互相交流。实在不能统一意见的时候，就去楼道里讨论和沟通彼此的看法。

一次为了一首诗歌的去留，我和老徐又争执起来，讨论到晚上九点多也不能达成一致意见。老徐揉揉太阳穴说：“饿了，不讨论了，我请你去吃夜宵吧。”

老徐请我吃的是济南有名的特色小吃——甜沫。那是我第一次吃这东西，才知道原来“甜沫”并不甜，而是咸的。

济南不仅有泉水甲天下的“奇”，还有美食特产中的“怪”。在岁月传承的特产美食中，泉城济南流传着二怪：一怪是茶汤，叫茶不是茶。茶汤以小米为主料炒制而成，因如冲茶一般，沸水一冲即熟，故名茶汤。一怪是甜沫，名字里虽有“甜”字，却是一种以小米面为主料熬煮的咸粥，济南人又俗称之为“五香甜沫”。在济南的众多小吃中，甜沫应该算是特别价廉物美的小吃。通常粥做好后，店主会问“再添么儿”（济南话，意思是再加点儿什么），指的是在粥里面添加粉丝、蔬菜、豆腐丝之类的辅料，后来人们将“添么儿”谐音成“甜沫”。因此甜沫的口味是咸的，而不是甜的。早晨起来，油条就着甜沫，是济南人最常见的早餐。

“茶汤非茶，米香四溢更胜茶；甜沫不甜，阅尽五味方得甜。”这泉城二怪，是到济南必品尝的美食。

茶汤我在天津也是吃过的，在天津的古文化街，龙嘴大茶壶沏出来的茶汤浓稠香甜，可谓一绝。与用糜子米、红糖、白糖制作的天津茶汤不同，济南的茶汤是用小米为主料炒制而成的，口味也有很大差异。

而甜沫，则是我到了济南之后才有缘品尝到的。去吃甜沫的路上，老徐告诉我，每次下了晚自习，觉得饿了，都会步行到学校后门，在通往老校区的洪家楼夜市里，就有一家特别正宗的卖甜沫的小吃店。

我们那晚吃的甜沫，就是这家。以小米面为主料熬制而成的咸咸的粥，里面配以花生米、粉条、豇豆、五香豆腐干、菠菜等内容丰富的辅料，吃起来格外爽口，有种家的味道。

后来每次讨论诗稿累了，我们就会步行十几分钟去洪家楼夜市吃甜沫。那咸咸香香的味道，伴随着我们编辑诗集的整个过程。

那本《江雪》诗集印出来后，在中文系引起了颇大的轰动，各个宿舍争相传阅，爱诗、写诗的同学也越来越多。升入大二后,我和老徐都进了校刊做诗歌版面的编辑,课余时间十分忙碌,《江雪》也就很遗憾地再也没有编辑印刷过了。

大四毕业那年，在即将离开济南之际，我整理自己的课本和各类书籍后，将大部分都处理掉了，唯独那几册《江雪》诗集，被我当作宝贝一样带回天津，珍藏了起来。有时候想起来翻阅一下，便仿佛又一次回到了那充满诗意的大学时代，仿佛又闻到了甜沫那沁人心脾的清香味道。

毕业后我在天津一家行业报社工作至今，生活平淡而寡味。老徐的职业生涯则精彩得多，先是在南方某报业集团打拼了几年，后又北上，在北京一家非常有名的新闻周刊做记者，还曾经因采写负面新闻且不接受当地有关单位贿赂而被扣留，一时间名声大噪，成为“记者风骨”的标杆。提起他，混新闻圈的我们都有些自惭形秽，觉得在我们已经渐渐被岁月磨平了棱角之后，老徐还能保持着那份对新闻事业执着的热爱，保持着新闻人骨子里的那份傲气，真是值得我们敬佩与羡慕。其实回想起来，当年在编纂《江雪》诗集的时候，我们不就是在以这样一种夸父逐日般的热情去追逐梦想的吗？而今想来，真是汗颜。

如今老徐已离开新闻行业，在一个保护蜻蜓的公益组织里工作。这让我想起很多年前他给我看过的那张他拍的照片，那上面是他青山绿水的家乡高密。原来热爱大自然的他，这么多年也从来没有改变过呢。

重新取得联系后，我帮老徐介绍和发展了很多保护蜻蜓的志愿者，还帮他联系天津一些都市报的记者作了相关宣传报道。他说，有空来北京，我请你吃饭吧。我说，还是有机会一起回济南去吃一碗甜沫吧。他说，行，一言为定。

甜沫

以小米面为主料熬制而成的咸咸的粥，里面配以花生米、粉条、豇豆、五香豆腐干、菠菜等内容丰富的辅料，吃起来格外爽口，有种家的味道。

甜沫的做法

食材：小米、花生米、豇豆、菠菜、五香豆腐干、粉条、香料、盐。

1　小米洗净后用水浸泡两个小时，加水磨成水糊（直接用小米面调成糊状也可以）；花生米、豇豆煮熟，捞出后控净水分；菠菜洗净后撕成大片，五香豆腐干切成薄片；粉条用水发好。

2　锅内放油烧至七成热，倒进碗内。大锅内放水，烧沸后放入八角等香料、盐，稍煮后捞出香料不用，再放五香豆腐干、菠菜、粉条，水沸后立即倒入小米糊，边倒边搅，加盖煮约二十分钟。开锅后，把碗内的油倒入锅内，加入熟花生米、豇豆，用勺搅动，即成甜沫。

媳妇饼

寓意美好的胶东面点

媳妇饼的制作非常讲究。和面时，要用当年新磨的麦尖面，即精面粉，再加入白糖、油和鸡蛋，按一定比例调和而成。为了保质期更长，面粉里一般不加水，面团经过人工反复揉搓后，分割成小块做成饼状，放在案板上醒一醒再烙。

前几天收到先生家的亲戚从威海寄来的媳妇饼，我儿子看见后高兴极了——这可是他最喜欢的小点心呢。

媳妇饼是胶东半岛的名点，原本是女方出嫁时娘家负责烙好，作为嫁妆的一部分放在箱底，带到婆家送给新郎的“体己干粮”，俗称媳妇饼，也叫喜饼。它的主要原料为白面、鸡蛋、油、白糖，饼做得要厚、要香、要甜，好吃又耐存放。后来人们的生活水平提高了，这种饼就烙得多了起来，又作为礼品分发给参加婚礼的客人品尝。

我在婆婆家参加过几次亲戚朋友的婚礼，离开时都会拎上一兜媳妇饼，一兜里通常有四个或者六个，带回家中当早点或小点心吃，能吃上好几天。因为媳妇饼的用料主要包括面粉、鸡蛋、油、白糖，热量比较高，吃上一小块就非常饱了。儿子从小就爱吃这东西，因为饼是金黄的颜色，闻起来有浓郁的蛋香，吃起来是面面的糯糯的口感，所以他小时候总管媳妇饼叫“鸡蛋糕”。

婆婆告诉我，媳妇饼的制作非常讲究。和面时，要用当年新磨的麦尖面，即精面粉，再加入白糖、油和鸡蛋，按一定比例调和而成。为了保质期更长，面粉里一般不加水，面团经过人工反复揉搓后，分割成小块做成饼状，放在案板上醒一醒再烙。

烙制媳妇饼的过程更需要操作者的耐心、毅力和吃苦精神。在农村，烙饼都是用做饭的大锅。柴火要用当年的好麦秸，易燃，火苗柔和。一个人在灶下，一小把一小把地把麦秸往锅灶里续，进行煨烧。如果麦秸添多了，火太大饼容易烙煳，而火苗小了饼又容易夹生，所以需要始终保持文火的状态。婆婆说，在大锅里烙饼，可是个又累又讲究火候的细心活儿，要不停地翻弄锅里的面饼，使其受热均匀，防止烙煳，等把两面和周边全部烙遍烤透后，再拿出来一个个摆放在盖帘（山东的一种用高粱秸秆穿结而成的圆盖子）上，散热凉透后即可食用。

媳妇饼做得口味如何，使用的材料真不真，不但显示了女方家日子过得殷实与否，也可看出女主人做饭的水平。媳妇饼还充分体现出娘家对女儿、女婿的一片关爱和祝福。当然，来参加婚礼的亲朋好友吃到此饼，也就分享了一对新人的喜悦。

与媳妇饼相搭配的还有一种饼，做法和口味是相同的，只不过它比一般的媳妇饼要大上四五倍，厚薄差不多，叫作“囤底”。这种饼因个儿大，制作起来更加耗时费工，再加上有其独特的含义，所以女孩出嫁时，娘家一般只做一个囤底。囤底做好后，婚礼那天，由娘家的长辈亲自操刀切割成若干等份，待婚宴后连同媳妇饼一起分给两家受尊敬的直系亲属，一般人是吃不到的。它的寓意是希望互为亲家的两家人今后融洽相处，团团圆圆，日子过得像囤底一样殷实富足。

随着人们生活水平的提高，有女儿出嫁的家庭，如今已很少自己烙媳妇饼，而是去专门卖媳妇饼的店里订购，写下所需数量和取饼的日期，店家就会将饼烙好分装成一个个的小兜，到时候过来取就可以了，非常省事。

这一次收到的，是一位表妹的喜饼。表妹跟男朋友分分合合好多年，最终还是走到了一起，实属不易，真心地祝愿他们白头到老，小日子过得像这媳妇饼一样，美满而香甜。

胶东当地还有一种小型面点，跟媳妇饼属于一个系列，叫作抓果，也叫小果。抓果和喜饼一样，都是由面粉、糖、鸡蛋、花生油为原料制作的发面食品，所不同的是，媳妇饼的形状是圆形的，抓果则是菱形的，且个头儿要小得多，最小的可以烙成指甲盖儿大小，非常玲珑可爱。

想要第一次就烙出又好吃又好看的媳妇饼，不是一件容易的事，相比之下，烙抓果就简单多了，因为菱形比圆形更容易掌握，也不用顾及形状是否规整，更不必滚边，而且它不像媳妇饼那样多是送人用的，基本都是自家人吃，因此烙制的时候就没有那么多讲究了。

我的婆婆特别擅长烙抓果，我儿子回去的时候，她常常会烙很多小巧的抓果，晾凉了以后装进保鲜袋里，儿子想吃零食的时候就抓上一把，香香甜甜的味道非常可口，这比那些从超市里买的都是各种添加剂的零食可要健康多了。

媳妇饼

饼是金黄的颜色，
闻起来有浓郁的蛋香，
吃起来是面面的糯糯的口感。

媳妇饼的做法

食材：鸡蛋、花生油、白糖、酵母、面粉。

1　纯鸡蛋液和花生油加白糖按一定的比例打匀，加上酵母，再加入面粉，手工和成光滑的面团，然后用包袱、棉被之类的盖着保温（如今可以用保鲜膜代替），搁在温暖的地方醒发（农村一般选择放在炕上）。

2　等面膨胀发起来，使劲揉面，揉的时间越长，用的力气越大，切面的蜂窝越均匀，无大气泡，烙出的饼口感越好。然后把面捂上再次醒发，等面膨胀后才算彻底醒发好了。

3　这次直接把面揉好，分割成大小均匀的面团，然后擀成一个个厚薄均匀的饼坯，最后平摊着醒发。饼上面全部盖上包袱，这样可以有效地保温。农村的火炕平时都是热乎的，温度适宜，所以如果放在炕上，面饼坯很快就会醒发好。

4　等到饼坯一个个长高了，变厚了，掂在手里轻轻的，这时候的饼就可以下锅烙了。等锅里的面饼散发出香味了，一手持铲子，一手扶饼，翻过来再烙另一面。正反两面都均匀地变成了金黄色，烙饼的第一步就算完成。这时的饼其实已经熟透。

5　为了美观，最后还要加一道工序，那就是滚边，也就是给饼边上色。上色时要戴上手套，因为这时的饼很烫手，但是又不能等饼凉了再滚边，讲究的就是一气呵成。一般滚边是在另一个锅内，两只手同时夹住好几个竖放一排挤在一起的饼，慢慢地在锅内一边倒手，一边滚圈，手不离饼，饼不离手。待饼边颜色变为浅黄色，就大功告成。

抓果的做法

食材：酵母、鸡蛋、花生油、白糖、面粉。

1 酵母用温水稀释，静置三分钟。在放酵母的盆中加入鸡蛋、花生油、白糖，还可以加入少许牛奶，用筷子搅匀。

2 将面粉倒入盆中，一边添加，一边搅拌，直至全部搅拌成絮状面块；然后揉成光滑的面团，盖上保鲜膜，放在温暖处醒发；等到面团醒发至两倍大小的时候取出，反复揉匀到没有气泡。

3 面团擀成均匀厚薄的薄面饼，再切割成菱形的小面块；然后盖上保鲜膜放在温暖处再次醒发；等饼坯醒发至约两倍厚，用手掂起来有轻盈的感觉时下锅。

4 平底锅内刷层薄油，开火，等锅烧至温热，用手摸一下不烫手时，下入饼坯，盖上盖儿用小火烙制，一面金黄后翻面，烙至两面金黄即可。

济南油旋
物美价廉的青春味道

坐在露天摊位的小板凳上，要上一碗朝鲜冷面，再要一只烤得酥脆的济南油旋，就是难得的令人食指大动的一餐了。

山东的面食独具特色，除了前面介绍过的煎饼、戗面馒头外，令我印象特别深刻的还有济南油旋、周村烧饼等。

在山大读书的时候，每次在离校门近的经管楼上课，一下课，我们就会三五成群地去校门口的小吃街吃饭。

所谓的小吃街，并不是真正的小吃街，而是学校门口一条由多个小吃摊自发形成的街道。米饭把子肉、烤地瓜、土豆丝鸡蛋饼、麻辣串、甜沫……在这里，我们能找到学校食堂里没有的美味，以及最地道的济南味道。

因为老舍先生的那篇《济南的冬天》，济南的冬天有多寒冷早已尽人皆知。事实上，跟济南的冬天相比，更可怕的是济南的夏天。那时候，学校通常每年七月中旬就开始放暑假，因此我们外地学生能够避开济南最热的一个多月。但其实从六月初开始，济南的气温就骤然升高了，到了六月中下旬，便已经完全是酷暑的感觉，满校园里都是短裤短裙的清凉打扮。那时我们住在位于顶楼的宿舍里，如同身在火炉里一般，经常会热得夜不能寐，有时半夜去水房冲凉，会发现那里已经人满为患。

在那样的季节里，食欲缺乏也是情理之中的事。每天挥汗如雨地看着食堂里热气腾腾的饭菜，却一点儿都没有想吃饭的欲望。凉皮、凉面是食堂里最热销的食物，有时候甚至买几根黄瓜、几个西红柿便是一顿饭了。

于是一到炎热的夏季，我们就会愈加频繁地光顾校门口的小吃街。在傍晚时分，迎着难能可贵的夏日清风，坐在露天摊位的小板凳上，要上一碗朝鲜冷面，再要一只烤得酥脆的济南油旋，就是难得的令人食指大动的一餐了。

油旋是一种旋涡状的葱油小饼，是济南有名的传统小吃，一般有圆形和椭圆形两种，我们吃的大多是圆形的。刚出炉的油旋色泽金黄，外表油润呈旋涡状，样子非常可爱。油旋的口感则是外酥里嫩，趁热咬上一口，唇齿间葱香扑鼻。还有人在油旋熟后捅一空洞，磕入一个鸡蛋，再入炉烘烤一会儿，鸡蛋与油旋成为一体，食之更美。

印象中，一只油旋的价格只有五角钱，算是最亲民的特色小吃了。别看它价格低廉，里面却蕴含着悠久的历史和文化沉淀。在“山东省第二批非物质文化遗产名录”中，济南油旋榜上有名。

文学泰斗季羡林先生曾经专门给做油旋的张姓店家题字“软酥香、油旋张”，可见其对油旋这一济南小吃的喜爱程度。

吃油旋的次数多了，就渐渐跟油旋摊子的大娘熟络起来。大娘告诉我们，传统工艺制作油旋，对于火候的要求极为严格，火大了，油旋就会发糊发焦；火小了，面就不能充分加热，做出来的油旋就会发硬发“死”。只有火候恰当，才能烤出油旋的“酥”来。

的确，后来在逛夜市的时候，我也吃到过烤得不甚成功的油旋。虽然用料没有什么变化，但因火候未到，油旋就不是酥脆的口感，与火候恰当制作出来的油旋真可谓云泥之别。

去年一月份去过一趟济南，当时正值北方最冷的时节，因来去匆匆，我并没有在济南的街头寻找到心心念念的油旋摊子。回母校去缅怀了一下我们终将逝去的青春，发现记忆中校门口的小吃街早已变成干净整洁的道路，那些小吃摊早已经不复存在。虽然是预料之中的事情，内心深处还是难免有一丝遗憾与伤感。

物美价廉的油旋，伴随了我们四年的大学生活。如今回忆起来，竟有种忍不住想要一尝为快的冲动。下次去济南，想要去品尝的美食不胜枚举，而油旋必然是首先要去吃一吃的，对我来说，它不仅仅是酥脆的葱油饼的味道，更是难忘的青春的味道。

济南油旋

刚出炉的油旋色泽金黄，
外表油润呈旋涡状，
样子非常可爱。
油旋的口感则是外酥里嫩，
趁热咬上一口，
唇齿间葱香扑鼻。

油旋的做法

食材：面粉、小葱、盐、花椒粉、油。

1 面粉中放入盐水，搅拌成絮状，然后和成软和的面团，静置醒发两小时以上。

2 把小葱切碎，放入盐、花椒粉、油，搅拌均匀。

3 面醒好后，揉成光滑的面团，再分成多个面团。

4 案板抹油防粘，取一个面团，用擀面杖擀成长饼。上面抹葱、油，将其对折。自一端开始卷起，边卷边拉抻，使其层次分明。

5 全部卷起，放一边松弛五分钟。然后压成圆饼，并轻轻往四周推。

6 平底锅烧热，倒入少许油，将饼放入，略煎。再将略煎过的饼移入烤盘，表面刷油。

7 烤箱预热 220℃。将饼放入烤箱内烤二十分钟。取出后，按照纹路，轻轻捅成螺旋状即可。

小贴士

1 和面的时候加入少许盐，面团和好后，醒发两小时或以上，使面团筋度更大，拉抻不易断。

2 面团软才容易操作，这样做出来的饼皮更薄，层次也更分明。

3 葱花和油、盐可以提前混合好，如果单独在每个面团上拍盐，不容易掌握用量。

4 先煎饼底，再入炉烘焙，入炉前表面刷油。

胶东海鲜（一）

返璞归真是最美

从小到大，在我的认知里，美味的海鲜无不与红烧、煎炸等烹饪手法相关。鱼类虾类要么红烧要么油炸，贝壳类海鲜则通常是炒制而成。而来到胶东半岛，当地人对海鲜一律近乎粗暴地进行清水蒸煮令我很难接受——不是都说山东菜口味重么？为什么这些海鲜连一点儿酱油的色泽都欠奉？

婆婆家在山东威海所辖的县级市——乳山。这座临海小城因拥有一座状似乳峰的山峦而得名。

山东的海，以蓬莱的长岛为分界线，一边属于渤海，一边属于黄海。乳山所临的海，就是黄海。这里的海产品不仅产量惊人，且品种繁多，海鲜的质量也非常高。吃惯了这里的海鲜，再吃渤海的海鲜，就会觉得无论新鲜度还是口感都相差甚远。

乳山有一片非常著名的海滩，叫作银滩。我曾去过广西北海的银滩，两个银滩相比较，尽管北海银滩的旅游环境成熟得多，但乳山银滩的沙子沙质更佳，细细的，白白的，远远望去真的是银白色一片，光脚走在上面不必担心会有小石子硌脚。这里的空气质量很好,海水也非常干净，澄澈的海水衬着蓝天白云，随手一拍就是绝美的风景照。

正因如此，银滩这里靠海而建的房子卖得一直不错，且买家大多是外地人。北京、天津、河北等地饱受雾霾困扰的人们，来此地买栋小别墅或者买套公寓，等到夏天的时候来此度假，近些年已成了一种时尚。

所以夏天的银滩，总是特别热闹。从清晨到黄昏，在海里游泳的，在沙滩上玩耍的，晴天时晒日光浴的，阴天时吹海风的，在退潮时捡拾小螃蟹、贝类海鲜的……前来度假的游客们总是能在这里找到无穷的乐趣。

我的一个教师朋友，自从五年前在银滩买了套房子，便每个暑假都带着全家来这里度假。她说最喜欢晚上在床上伴着海浪声入睡，而最大的乐趣，就是每天去赶海，每天都有所收获。基本上，各种贝类每天都能拾到，有时候能拾到满满一兜子花蛤、海瓜子，拿回来煮着吃，别有一番滋味。幸运的时候，捡拾到小螃蟹、海带、蛏子等也是有可能的。

这里的饭馆，不论大小，都是以经营海鲜为主。新鲜的各种海鲜一筐一筐地被摆在一进店最显眼的位置，任客人遴选，现称现烹，是这里饭馆最大的特色和立身之本。

事实上，海鲜是胶东菜最重要的组成部分。缺少了海鲜的胶东菜，恐怕不能跟济南菜、孔府菜并称为鲁菜三大流派。

当年第一次去位于乳山的婆婆家，还有些不适应那满桌子的贝壳类海鲜的。明知都是些好东西,但吃了半天后，桌子上的贝壳摞成了小山，还是觉得没吃多少东西——也难怪，那一大盆冒尖的牡蛎或是花蛤，里面的肉加起来恐怕也没有一两吧。

此外，不适应的还有这里制作海鲜的方法——以清水蒸煮为主。

从小到大，在我的认知里，美味的海鲜无不与红烧、煎炸等烹饪手法相关。鱼类虾类要么红烧要么油炸，贝壳类海鲜则通常是炒制而成。而来到胶东半岛，当地人对海鲜一律近乎粗暴地进行清水蒸煮令我很难接受——不是都说山东菜口味重么？为什么这些海鲜连一点儿酱油的色泽都欠奉？

后来才明白，只有用清水蒸煮，才能使海鲜不失其最原始的鲜味。

于是也就慢慢地适应了这种吃法。首先习惯的是清水加盐煮熟的对虾。胶东的方言里，“煮”这种烹饪手法被称为“烀”，乎音，煮对虾就是“烀”对虾。一般是用平底锅，清水不能多，只浅浅的一层而已，凉水时便放入对虾，用大火煮，待水开后再换成中火煮，加入适量的盐，再煮一会儿即可捞出食用。捞出时要记得把虾在清水中涮一下，把那些煮出来的红色的碎屑涮干净再装盘，才更美观。煮熟的对虾呈粉红色，色泽娇艳，看上去十分诱人。

对于大量贝壳类海鲜，当地人更是习惯以清水蒸煮。

这里最常见、最受欢迎的是牡蛎。牡蛎又叫生蚝，胶东人管它叫“海蛎子”，是富含锌的一种海产贝类。它有着大大的贝壳，壳呈暗灰色，表面粗糙且凹凸不平，摸上去有些扎手。牡蛎肉不仅味道鲜美，营养价值也很高，素有“海底牛奶”的美誉。牡蛎不仅可以食用，还能提炼蚝油，它的肉、壳、油都可入药。

胶东当地人吃牡蛎，都是用清蒸的方式烹制。从海中捞上来的牡蛎里面有很多沙，因此首先要将牡蛎洗刷干净。刷洗牡蛎可是一项大工程，要戴上胶皮手套，用刷子里里外外仔细地刷洗。记住一定要戴手套，不然那凹凸不平、有棱有角的贝壳很容易就会把手划伤。牡蛎被一只只地洗刷干净后，装入蒸笼，蒸锅放在火上，用慢火蒸十分钟左右,待牡蛎的贝壳张开了“嘴”,牡蛎就蒸好了。牡蛎肉也是灰白的颜色，吃的时候配以由生姜丝和生抽、醋、香油调制而成的姜汁，就十分美味了。

也有人家吃牡蛎用煮的方法。在锅内加入少量水，将洗刷好的牡蛎直接倒入水中，加盐，煮十分钟左右，贝壳开口后即可食用。这样煮出的牡蛎，因直接接触了盐水，所以不用配姜汁，直接食用就非常鲜美。

不过，为了最大限度地保证牡蛎的鲜味和营养不流失，建议采用蒸制为佳。

除了直接带壳蒸煮食用外，牡蛎肉还可以取出做成汤菜。每次蒸好的牡蛎若吃不完，婆婆通常会将里面的肉取出放入小碗内，留着做菜用。牡蛎肉可以做成萝卜丝牡蛎汤。锅内烧水，水开后将切成丝的青萝卜与牡蛎肉一同下锅，煮熟后加盐与香油，就是一锅鲜嫩无比的萝卜丝牡蛎汤了。那汤有萝卜丝的清爽，有牡蛎的鲜香，喝一口回味无穷。

此外，在做手擀面的卤时，以及在拌饺子馅的时候，也可以往里面加入牡蛎肉。这样的神来之笔，能够使原本很普通的饭食平添些许海鲜的味道，顿时变得高大上起来。

除了牡蛎，海虹、花蛤、海瓜子、海螺、蛏子等，也是胶东半岛常见的海鲜。

贝壳类海鲜里，我最喜欢吃的是海虹。跟牡蛎相比，海虹的个头要小很多，它的壳是略长的椭圆形状，呈黑色，贝壳表面平滑而有光泽。虽然个头小，但里面的肉却不小，其大小几乎可以跟牡蛎肉相媲美。也正因为个头小，烹制海虹通常采用的方式是煮，也就是当地人所说的“烀”。锅内放少量水，加适量盐后，将海虹倒入，烧至海虹外面的壳张口就可以吃了。海虹的肉呈金黄色，让人看了很有食欲，肉质也更加细腻酥嫩，每次吃上许多都不会腻。

此外，还有像花蛤、海瓜子、蛏子这样的海鲜，个头更小，通常是用炒制的方式来烹调。炒制也是清炒，即除了油、盐外，再没有其他调料。油也是只加少许，用蒜炝锅后倒入壳类海鲜，大火翻炒至贝壳开口，再加盐就可以装盘了。

需要注意的是，吃这些海鲜的时候，一定要配合吃些蒜才好，据说可以防止腹泻。

海鲜里面，鱼是一大类，也是海产品里最重要的一类。

胶东半岛所临的黄海产有种类繁多的各种海鱼，有我以前见过的带鱼、平鱼、黄花鱼、海鲈鱼等，也有前所未见的偏口鱼、鲝鱼、青寨鱼、同鱼、多宝鱼等，甚至还有一些连当地人都叫不出名字的鱼，它们的肉质不同，味道也各有千秋。

而在胶东，鱼类的烹制通常也是清烧。在这里，红烧的做法通常是见不到的，被烹制得周身黑红色的鱼在当地简直就是“异类”。当地人在烹制鱼类的时候，也绝不会像很多地区那样将鱼裹上面粉糊糊来煎，而是将洗净的鱼直接放入油中，用小火两面煎好，再加入烧开的清水，加葱、姜、蒜、白醋、料酒、花椒、盐，煮至锅内的汤所剩无几时关火即可。

最初见到烧得白花花的清烧鱼时，我简直惊呆了。从小就喜欢吃鱼的我，基本上只能接受将鱼类红烧和干炸的做法，也觉得只有那样做出来的鱼才堪称完美。因此，当我看见烧制而成的鱼是银白的颜色时，难免会震惊。不过，待品尝之后我很快就摒弃了成见——这样烹制的鱼色泽虽然苍白，味道却异常鲜美。许是因为少了酱油、糖等重口味调料在里面喧宾夺主，那鱼的鲜香便自然而然地迎面扑来，反而比红烧出来的鱼诱人得多，也美味得多。感觉只有这样做，才能吃到鱼真正的味道。这恐怕就是烹饪这门高深学问中的“返璞归真”吧。

听婆婆说，在开海的时节，每天清晨都会有渔船打鱼回来直接在海滩上售卖各种鱼类、虾类和贝壳类海鲜，这样的海鲜，绝不是大城市的超市里能够寻到的。我想，或许只有足够新鲜，才能让人有足够的底气，去烹制不必依靠调料便能鲜香诱人的清蒸（煮、烧）海鲜吧！

在甲骨文里，鲁字从鱼，从口，本义：鱼儿摆尾。引申义：任性（任由天性发挥。鱼儿摆尾，天性如此，无可奈何）、不约束（行为）。（引自《说文解字》）也许正因为如此，鲁菜离不开鱼类，也离不开“天性”。我理解的所谓天性，就是还原食物本身的味道，用最简单的方式，烹制出最美味的菜肴。

胶东海鲜

海鲜是胶东菜最重要的组成部分。
缺少了海鲜的胶东菜，
恐怕不能跟济南菜、孔府菜
并称为鲁菜三大流派。

胶东海鲜（二）

高贵与平易完美结合

有时候做汤，比如萝卜汤、冬瓜汤等，找出一枚海参，洗净后切成薄片加入汤内烧开，会立时把普普通通的蔬菜汤变成一道美味的海鲜汤；而做面条的卤子时，里面放上几枚虾仁和几片海参，也会提升卤子的鲜美度，使之成为可口的三鲜卤。

山东是孔孟之乡，是黄河流域文明的发祥地，文化底蕴非常深厚。山东人也因这份厚重的文化而有一种深深的自豪感和文化认同感。他们的骨子里，有一种几千年文化熏陶而积淀下来的高贵气质。

山东出的文人特别多。当年刚进山大中文系时，入学第一课就是了解学校和本系出过多少学者和文化名流。

除了著名的文学大家老舍、艾青，以及成仿吾、季羡林等名流外，早些年中文系的学术四大金刚——高亨、陆侃如、冯沅君、萧涤非，更是被每一名学子熟记于心，奉为楷模。因此经过本科四年的熏陶，山大走出来的学生，不论境遇如何，骨子里都会有一种不能泯灭的傲气。

与此同时，山东人又给人一种朴实无华、平易近人、和蔼可亲、值得信赖的印象。

我的一位家在潍坊的好友，目前在美国一所高校任教。她刚到美国时需要租房子，在朋友的帮助下，她找到了一处合意的房子，并且房东是中国人，很容易沟通。她去见房东时，得知此前已经有三个人前来咨询过，且有人愿意出更高的价格。本以为没有机会租到这栋房子，没想到当房东听说她来自山东之后，当即决定将心爱的房子租给她，原因很简单——山东人人好，会好好对待我的房子。

我在祖国各地旅行时，有时候一个人去偏远的地方，为了安全也会选择跟团。听好几个导游说过，特别喜欢带山东来的旅行团（我当时是从天津参团的，所以并非投其所好），原因无他，就是“山东人友善，不事儿，且非常大方”。

在影视剧里，山东人的形象通常与刚直不阿、淳朴善良紧密相关。

我想，高贵与平易相互融合才是山东人真正的风骨吧。

鲁菜也是如此。不仅有高档海鲜菜品，也有走入寻常百姓家的各色家常菜；不仅有用料复杂考验良心的九转大肠，也有用料简单考验技法的醋熘土豆丝；不仅有当年山东巡抚所创的宫保鸡丁，也有民间不断摸索而成的德州扒鸡。

高贵冷艳与平易近人相互结合，在胶东半岛的海鲜上体现得尤为突出。

在胶东半岛的很多城市里，稍微高档一些的婚宴上，必不可少的除了螃蟹、对虾外，还有海参和鲍鱼。通常是每人一个小碟子，上面有一只清烧的鲍鱼；每人一只小碗，里面有一碗海参汤，汤依然是清汤，汤内是一只完整的海参。我个人并不喜欢这两样昂贵的海鲜，也不明白它们究竟贵在哪里。如果要我来选择的话，还不如多点几道美味的鱼类呢。

不过，每年从婆婆家带回来的密封包装的海参，倒是基本都能派上用场。有时候做汤，比如萝卜汤、冬瓜汤等，找出一枚海参，洗净后切成薄片加入汤内烧开，会立时把普普通通的蔬菜汤变成一道美味的海鲜汤；而做面条的卤子时，里面放上几枚虾仁和几片海参，也会提升卤子的鲜美度，使之成为可口的三鲜卤。

难得的是，胶东半岛的海鲜里还有特别平价、能随时出现在老百姓餐桌上的，比如海米、虾皮，以及经过深加工后的虾酱。

当地的渔民每天都会在天还未亮时便出海打鱼，他们将红虾、白虾、青虾、毛虾等打捞上来，用盐水焯过后直接在甲板上晾晒成海米、虾皮，上岸后便在船上售卖，卖不完的再进入超市、市集。平时在家里做炒青菜的时候，用虾皮炝锅，炒出来的青菜会独具风味。而在做汤菜时，放入几枚海米或是一把虾皮，也能让汤平添一种别样的鲜香。

虾酱则是将虾类深加工后制成的，装瓶后能保存很久，非常适合作为日常礼品送给亲朋好友。不同的虾制成的虾酱，品质和味道也有所不同，自然售价也是有差异的。胶东人吃虾酱，跟很多北方人炒制虾酱不同，他们喜欢蒸而食之。在小碗内打入一只生鸡蛋，加上一小勺虾酱，倒入适量清水，切一些葱丝放入其中，搅拌均匀后再滴上一滴花生油，入蒸锅内用中小火蒸制（类似蒸鸡蛋羹的做法），蒸熟后就是一碗非常美味的虾酱鸡蛋羹了。那小小的碗里，有鸡蛋的嫩滑、虾酱的咸鲜、葱丝的芳香，其中的滋味只有品尝过才知其美妙。有时候我一个人在家里吃饭，就会同时蒸一碗米饭和一碗虾酱，蒸熟后将二者拌在一起，便是简约而不简单的一盘虾酱饭了。

说起价格较昂贵的海鲜，不能不提的还有海螃蟹。海螃蟹大约是在中秋节前后上市，个头比河螃蟹大得多，非常肥美。蒸熟的海螃蟹壳是红通通的，非常漂亮，若是团脐的，打开后里面会有极其鲜美的蟹黄，比螃蟹肉本身还要美味；而长脐的海螃蟹，里面的蟹膏也非常鲜香。需要注意的是，螃蟹是大寒之物，又是食腐动物，所以吃时必蘸姜末儿醋汁来祛寒杀菌，且不宜单食。由于其性寒凉，孕妇就更加不能吃。

五岁的儿子最爱吃的海鲜是非常平价的皮皮虾，胶东人管它叫“爬虾”。清明节前后，皮皮虾大量上市，每家的餐桌上都会出现这道鲜香四溢的美食。在这里，皮皮虾的烹制手法自然还是清水煮。生的皮皮虾是灰白色，煮熟后则是粉红色，非常漂亮。皮皮虾的皮是一节一节的，比较硬，剥皮时要特别小心才能不扎到手。剥好壳的皮皮虾肉嫩白肥美，蘸着姜汁或蒜汁吃，真是鲜美极了。

跟河鱼比，海鱼的营养价值更高，也更鲜美，因此售价也更高。不过，即便同为海鱼，也会因种类的不同而有较大的价格差异。

我吃过的售价最贵的海鱼，应该就是鲞鱼了，这也是我去了胶东半岛之后才见过和吃过的鱼类。

鲞，想音，当地百姓称之为“大海里最鲜的鱼”。清代王士雄《随息居饮食谱》有记载：“勒鱼，甘平，开胃，暖脏，补虚。鲜食宜雄，甚白甚美，雌者宜鲞，隔岁尤佳。”勒鱼就是鲞鱼，又名鳓鱼。

听婆婆说，大多数的鱼类，产卵后总不如产卵前鲜嫩，然而鲞鱼却恰恰相反。春末夏初，由外海游至近海产卵后的鲞鱼，肉质最为鲜美。所以，同一产地的鲞鱼，烹调之后的味道却可能相去甚远，这就是产卵前后的区别。

鲞鱼的卓尔不群还表现在，其他鱼的鳞质地坚硬，一般都是被弃掉的废物。然而鲞鱼的鳞片却属于不可多得的美味——入口脆嫩，酥香可人。

昂贵的鲞鱼固然美味，但我最喜爱的还是价格平易近人的带鱼（胶东人称之为刀鱼）。那是大多数人从小到大吃得最多的海鱼，我当然也不例外。小时候，最开心的事就是爸爸买回一兜子带鱼，做成红烧带鱼，我可以因为这一道菜而多吃下一碗米饭。

而胶东半岛的带鱼，肉质则更加鲜美细腻，从超市里买到的带鱼，基本都是渔民当天打捞上来的，这在非沿海地区是很难想象的。带鱼是不能被养殖的海鱼，也正因为如此，并不是每天去超市都能买到带鱼，有时候渔民打捞上来的带鱼数量少，早早就被人抢购一空；有时候则在渔船上岸后就被人买光，超市里也买不到新鲜的带鱼。所以买新鲜的带鱼有时候是要靠运气的。

最美味的带鱼，并非个头最大，而是大小宽窄适中为好。如果带鱼过于宽大，在烹制时是很难入味的。带鱼在胶东不再是被红烧或干炸，而是使用当地最常见的清烧手法——清洗干净后切成段，用油两面煎，加热水及料酒、花椒、醋、葱、姜、蒜等，烧至汤水少时便可出锅。清烧出来的带鱼，跟以往吃的红烧带鱼相比，少了调料的喧宾夺主，更多了一份自然的鲜香软嫩，这平价的带鱼也似乎因此变得不平凡起来。

胶东海鲜

高贵与平易相互融合，
才是山东人真正的风骨。
鲁菜也是如此。
不仅有高档海鲜菜品，
也有走入寻常百姓家的
各色家常菜。

孔府菜
将「精细」做到极致

精致美观、重于调味、工于火候是孔府菜的最大特色。菜品的制作过程特别复杂，调味多样，烹调技术交叉运用，菜品制作上很见功夫。

大二那年暑假，我和同宿舍的两个女生一起去曲阜、泰安玩了几天。

作为吃货一枚，每去一个地方，自然要事先研究当地的美食。跟来自曲阜的同学咨询了一下，立刻被她所描述的孔府菜深深吸引了。

事实上，鲁菜主要分为济南菜、胶东菜和孔府菜三个流派，其中孔府菜地位举足轻重，其菜品可谓华丽精致、别具一格。在我看来，孔府菜的发明者真的是极尽麻烦之能事，把烹饪中的"精细"二字做到了极致。

去曲阜，三个景点是必去的，那就是孔府、孔庙、孔林。其中的孔府，就是孔子后裔住的地方，是“圣人之家”。

孔子提出的“食不厌精，脍不厌细”，是他在饮食方面的著名论述，也是流传颇广的饮食名言。孔府孔氏子孙在饮食方面的精细程度，可以说较圣人有过之而无不及。因此，经过岁月的沉淀和厨师们智慧的凝聚，独具特色的孔府菜渐渐成型。孔府菜是由宋仁宗宝元年间开始正式建府后出现的，到清朝乾隆年间发展到鼎盛阶段，成为官府菜。

精致美观、重于调味、工于火候是孔府菜的最大特色。孔府菜在选料上极为广泛，粗细料均可入馔。只是细料精制，粗料细做。菜品的制作过程特别复杂，调味多样，烹调技术交叉运用，菜品制作上很见功夫。用煨、烧、扒等技法烹制的菜肴，往往要经过三四道程序方能完成。

孔府烹饪分为宴会饮食和日常家餐两大类。宴席菜和家常菜虽然偶有重叠，但二者在烹饪上是有很大区别的。

孔府宴席出现在接待贵宾、生辰节日、婚丧喜寿等重要时刻。其中最著名的一道菜，应该是“神仙鸭子”。这是孔府菜里的大件菜，做法很特别——将鸭子装进砂锅，上面糊一张纸、隔水蒸制。过去的人为了精确地掌握时间，在蒸制鸭子的时候烧香，共三炷香的时间即成，故名“神仙鸭子”。

另一类“家常菜”来自民间小吃，从米粥、煎饼、咸菜、豆腐到豆芽、香椿、鸡蛋、茄子等，虽是再家常不过的原材料，但经过孔府厨师的精巧制作，也成了孔府的独特菜品，其原则是“精菜细作，细菜精炒”，所以孔府的家常菜也是别有风味的。

孔府家常菜经常用土特产品烹制菜肴，仅各种“虾仁”菜便有几十种，如玉带虾仁、翡翠虾仁、三鲜虾仁、松子虾仁、腐乳虾仁等等，单听这些名字便让人想要一尝为快。

此外，一些很常见的蔬菜也可以做成孔府菜的经典名菜。比如豆芽菜，将豆芽去芽和根，清油快炒，鲜脆爽口，据说曾受到乾隆皇帝的赞赏。香椿芽也是山东西部民间春季常用的蔬菜，孔府每年收进数百斤上好的椿芽，供一年食用。

我们三个女孩子去曲阜旅游，除了必须参观一下著名的孔府、孔庙、孔林之外，最重要的任务就是品尝孔府菜了。

以我们当时的经济实力，自然是不可能进大饭店里品尝孔府宴会菜的。不过，曲阜毕竟是比较成熟的旅游城市，各种家常菜小饭馆也是星罗棋布，并且都打着“正宗孔府菜”的招牌。挑一家看上去窗明几净、里面食客也不少的小饭馆，我们便坐下来细细研究菜单，最终点了久仰大名的一品豆腐、清炒豆芽、烤牌子。

一品豆腐应该算是孔府菜里最知名的一道菜了，它其实属于宴会菜，做法非常繁复。这道菜的配料极其丰富，干贝、海参、口蘑、冬笋、肥瘦肉、荸荠、火腿、蛋皮、胡萝卜……可谓应有尽有。因这道菜主要以蒸制来烹饪，所以豆腐和其他配料都最大限度地保持了其鲜嫩的原汁原味，成品白细鲜嫩，营养丰富，非常受欢迎。一尝之下,果然感觉与众不同。后来渐渐它也出现在家常菜里面，做法上也略简单了一些。

烤牌子其实就是烤猪肋排。孔府菜里，“烤”是非常独特的一种烹饪方法。烤鸭、烤乳猪，孔府都列为宴席菜，被称为“红烤菜”，指烤出的菜红润光亮。而烤牌子则属于孔府菜里的家常菜,早已进入寻常百姓家。烤好的成品，外表确实红润有光泽，看着就非常有食欲。咬一口，滋滋流油，特别解馋。

吃过了烤牌子，清炒豆芽就显得格外爽口。此菜虽简单，却有着不平凡的来历。

据资料记载，有一次，乾隆来曲阜祭祀孔子，事毕用膳，因为肚子不饿而吃得很少。厨师们觉得可能是菜不合乾隆口味，感到一筹莫展。正巧这时有人送来一筐鲜豆芽，一位厨师急中生智，抓了一把豆芽，放上几粒花椒爆锅，做好送了上去。乾隆从未吃过这样的菜，出于好奇尝了一口，感觉清香脆爽，竟大吃起来。从此，炒豆芽就成了孔府的传统名菜。

但由于这种制法过于简单，难免有失孔府美食精细烦琐的风范，于是后来厨师就将此菜加以改进——将豆芽的两端掐去，取中间粗胖的豆莛部分，用细竹签穿空豆莛，在其中塞入火腿、肉丝等料，然后再进行烹调，这就非常复杂和精细了。

我们吃的是家常菜，原料自然不会是那样复杂的豆莛，而是真正的清炒豆芽。炒得鲜嫩清爽的豆芽菜，搭配美味的烤牌子和一品豆腐，再配着白米饭吃起来，真是神仙一般的享受。

学生时代的那次旅行，所见风景固然是很美的，孔府、孔庙、孔林气势恢宏，庄严肃穆，后来去泰安爬泰山的经历也令人极其难忘。然而如今回想起来，竟是在曲阜吃的那几道美味的孔府家常菜，最让我念念不忘。以后有机会再去曲阜，定要仔细品尝一番。

孔府菜

鲁菜主要分为济南菜、胶东菜和孔府菜三个流派，其中孔府菜地位举足轻重，其菜品可谓华丽精致、别具一格。

一品豆腐的做法

食材：北豆腐一块、猪肉馅适量、香菇、木耳、青菜、粉丝、姜、蒜、香葱、盐、蚝油、生抽、白糖、香醋、淀粉。

1 用刀将豆腐从中间切成两片，上面那片要切得尽可能薄些，以不会断掉为宜；在较厚的那片豆腐中间挖一个洞。

2 将姜、蒜、葱切末儿，然后将其混入猪肉馅中，再加上生抽和蚝油搅拌，腌渍三十分钟。

3 将粉丝泡软，切成五毫米长的小段。

4 香菇、木耳、青菜切碎，和粉丝段一起加入腌渍好的肉馅中，再加入一小勺盐，搅拌均匀。

5 将拌好的肉馅放入挖好洞的那片厚豆腐中，上面盖上另一片薄豆腐，然后放进盘子里上锅用中火蒸十五分钟。

6 在一个小碗中放上一小勺白糖、生抽、蚝油、香醋，再加上一点儿淀粉调汁。

7 待豆腐蒸好后，将调好的汁浇到上面，再用大火蒸一分钟即可食用。

烤牌子的做法

食材：带皮猪肋排一块、青萝卜、大葱、甜面酱、蜂蜜、精盐、料酒、味精。

1　将适量精盐、味精、料酒放入小汤碗里，加入温水溶化。

2　在另一个小碗中放入蜂蜜，加入适量清水调匀。

3　将带皮猪肋排修刮洗净，用干净的铁叉叉牢。

4　用大火将锅内的水烧开，将猪肋排放入锅中略煮一会儿，使外层变熟，取出后擦干水。

5　在猪肋排的两面均匀地抹上一层蜂蜜水，然后置于炭火上慢烤。先烤带肋骨的肉面，再烤皮面，一边烤一边刷调好的盐料水，大约烤两个小时，待其呈金黄色取下。

6　将烤好的肋条肉放在案板上，用刀贴排骨从中间片开，成两片，把带骨的一片剁成块儿摆入盘内底部；另将带皮的肉片也剁成相同大小的块儿，皮朝上码在上面，呈原烤肉形。

7　将大葱和青萝卜切成长段放入平盘中，再将甜面酱倒入小碟里，随同烤好的肉一起上桌即可食用。

酥锅

淄博美食甲天下

酥锅端上来后，我们一般先吃到的都是素食，随着舀勺不断深入地往下挖取，荤菜才渐渐出现，所以品尝酥锅的妙处不仅仅在于食物之美味，它还能给人一种渐入佳境、豁然开朗的感觉，真是一种特别美好的饮食享受。

山东淄博是一个盛产美食的地方。上大学的时候，隔壁宿舍的一位女同学家在淄博博山地区，她跟我关系不错，时常聊起她家乡丰富多彩的美食，不免令人垂涎。

大三那年，我邀请她来天津玩了几天，带她去吃了很多天津的传统美食，尽了地主之谊。大四那年寒假，我终于在她的强烈要求下到她家玩了几天，也算是了却了一尝淄博美食的夙愿。

同学的妈妈具有山东女性的一切美好特质——善良、淳朴、实在、热情，几天里一直挖空心思做好吃的来招待女儿的“贵客”，其中最令我印象深刻的，就是淄博博山地区最有名的“酥锅”。

酥锅多在春节期间准备和食用。传说是清朝初年一位叫苏小妹的妇女创始，故菜名为“苏锅”。又因此菜肴用醋较多，以肉鱼骨刺酥烂为主要特征，遂后来又改名为“酥锅”。

同学说，在过去，过年是一件特别隆重的事——一到腊月，家家户户早早就开始准备年货，准备年节大菜。在各种各样的年节菜中，酥锅的地位是举足轻重的。做酥锅，对于博山人来说有一种近乎神圣的意味，好像没有了酥锅就没办法过年了一般。所谓“穷也酥锅，富也酥锅”，那是说做酥锅的原料可以根据自己的条件来搭配。来客人了，主人都会热情地盛上一盘：尝尝俺家酥锅！所以有“家家做酥锅，一家一个味”之说。

亲眼见到了同学妈妈制作酥锅的过程，才知道这美味的制作工艺竟是如此复杂。首先需要细致地选材，材料少则十几种，多则几十种。主料一般有白菜、藕、海带、排骨、冻豆腐、猪蹄、鸡、鱼等，调料包括醋、糖、黄酒、酱油、葱、姜、盐等。酥锅材料的摆放也相当讲究，一般用白菜铺锅沿，肉类、海带、藕等放在中间，盖锅前最上面再覆盖豆腐，最后将铺在锅沿的白菜帮合拢盖在最上面。制作时先用急火烧开，后用文火烧至骨刺酥烂为止，这个过程大概需要十个小时左右。

酥锅凉透后，随吃随取即可，凉透成肉冻口感更佳，无论是里面的肉类还是蔬菜，都是醇香滑爽，让人回味无穷。

此外，吃酥锅还有个绝妙之处——酥锅端上来后，我们一般先吃到的都是素食，随着舀勺不断深入地往下挖取，荤菜才渐渐出现，所以品尝酥锅的妙处不仅仅在于食物之美味，它还能给人一种渐入佳境、豁然开朗的感觉,真是一种特别美好的饮食享受。而对于博山人来说，吃酥锅不仅仅是习俗，更是一种民间的饮食艺术和风俗文化了。

在淄博的几天里，同学带我走遍了大街小巷，依次品尝那些她想念了一个学期的美妙滋味。

我最喜欢的是淄博的各种烧饼。淄博的烧饼闻名遐迩，其三个区县就有三种著名的烧饼：轻薄酥脆的周村烧饼、口感偏软的博山烧饼和香酥鲜美的淄川烧饼。

周村烧饼因产于山东省淄博市周村区而得名，以酥、香、薄、脆而著称。周村烧饼以小麦粉、白砂糖、芝麻仁为原料，以传统工艺精工制作而成，为纯手工制品。其外形圆而色黄，正面贴满芝麻仁，背面酥孔罗列，薄似杨叶，酥脆异常。入口香酥无比，一嚼即碎，若是失手落地，则会皆成碎片。

周村烧饼至今已有一千八百多年的历史，几经工艺改造，如今已是驰名中外，家喻户晓。正宗周村烧饼的制作，要经过配方、延展成型、着麻、贴饼、烘烤等多道工序，而配方、成型和烘烤是制饼的关键。特别是烘烤的火候，非名师高手，很难达到“炉火纯青”的地步。

周村烧饼有咸、甜两种口味，甜的香甜可口，久食不厌；咸的开人食欲，令人不忍释手。若细分，还有甜、五香、奶油、海鲜、麻辣、新鲜蔬菜等多个系列品种。而我最爱的，还是咸味的纯芝麻烧饼。轻轻咬一口，便是满口的芝麻清香，酥脆的烧饼上还会有芝麻落下，那感觉，不是吃普通烧饼能够体会到的。

周村烧饼是纯粹的烧饼，而博山烧饼和淄川烧饼这种内有肉馅的，则刷新了我从小到大对“烧饼”这一概念的理解。

同学的舅舅就在淄川经营肉烧饼生意，因此我有幸目睹了店里师傅制作烧饼的全过程。首先拌好肉馅，肉馅是用肥瘦相间的新鲜猪肉制成，此外还有大葱、姜等配料。然后将和好的面揪下馒头大小一块包上肉馅，在面板上用擀面杖擀一擀，放到一个光滑的凸形瓷器上，用手沾着水压得更加薄一些，这时往早已铺好密密一层脱皮芝麻的板子上一沾，一个直径二十厘米的烧饼就等着进炉烤了。

烤炉的直径有一米多，里面是燃烧的锯末，无烟，无火焰，火上方约四十厘米是一个铁板，只见制饼师傅将不带芝麻的那一面往板上用力一贴，烧饼就借着热量贴在了板上。一会儿工夫，烧饼就在炉子里慢慢地鼓了起来，五分钟左右一个又大又香的肉烧饼就出炉了。

淄川肉烧饼从严格意义上讲，并不是用火烤，而是用热气炙，所以特别酥嫩。刚出炉的烧饼既有芝麻和面的香味，更有肉馅的鲜味，以及芝麻香和葱花香，让人闻之馋涎欲滴，吃起香酥可口。

博山肉烧饼在制作工艺上跟淄川肉烧饼应该是相似的，不同的是口感偏酥软一些。这跟和面的软硬、烤时火候的掌握密不可分，俗称“三分案子七分火候”。博山烧饼中，最著名的当数焦庄烧饼。

焦庄村是博山历史悠久的老村，这个老村坐落在淄川与博山的交界处，历史上焦庄村曾经归属淄川，后来划归博山。焦庄烧饼就诞生在这个村庄。目前正宗的焦庄烧饼为焦庄桥上的烧饼，这家世代以焦庄烧饼为生计，目前其兄弟三人均从事焦庄烧饼制作。焦庄烧饼里的肉烧饼分为精肉和五花肉两种，此外还有素烧饼，咬一口满满的素馅，也很美味。

淄博人常拿烧饼当早点，一两个烧饼配一碗粥，便是特别可口舒服的一餐了。

石蛤蟆水饺也是淄博极具特色的美食。我从小就喜欢吃饺子，到各地去旅行时，也会趁机尝一尝当地的饺子。石蛤蟆水饺是我品尝过的最美味的水饺之一。

石蛤蟆水饺造型跟普通水饺不同，外形犹如一个元宝。它有几大特色：首先是皮薄，饺子煮熟后，里面的馅儿透过薄薄的饺子皮清晰可见。其次是馅儿大，馅儿的用料考究，除了肥瘦相宜的肉馅儿外，还有海米、木耳、蒜黄、韭菜等，味道鲜美，吃起来肥而不腻。此外，下水饺的方法也有独到之处，水饺入锅后，火候掌握得法，在锅里不破皮，盛盘后不粘连。吃法也有不同，吃的时候一盘水饺，旁边配一碗加了小料的热饺子汤，食客边吃边喝，格外舒服，正所谓“原汤化原食”。

在淄博吃过了这些令人难忘的美食之后，真是“不辞长作淄博人”了。

酥锅

酥锅凉透后，
随吃随取即可，
凉透成肉冻口感更佳，
无论是里面的肉类还是蔬菜，
都是醇香滑爽，
让人回味无穷。

酥锅的做法

食材：猪排骨、其他肉类和素食、葱姜料包、大白菜、盐、白糖、料酒、醋。

1 取一只大砂锅，把猪排骨铺在大砂锅的底层。用大白菜帮竖着围在锅沿，一片压一片，使锅加高，然后把备好的各种原料分层装入锅内，肉类放下面，素食放上面，每层不要太厚。葱、姜、料包要放在稍靠下的位置。最后可使原料高于锅沿三四寸，把盐、白糖、料酒、醋调和加入锅内，还可以加入一些开水。把围在锅沿的白菜帮合拢盖住所有原料，用锅盖压住。

2 砂锅放在炉火上，用小火慢慢地“酥”，一般要十个小时左右（如果用高压锅在煤气灶上做，时间可缩短至三四个小时）。其间要不时地查看，注意锅中的汤不要沸出，可以从侧面把汤舀出，从顶端再加入。待锅中原料渐渐下沉至锅沿以下，顶部白菜帮也变色了，即成。全锅放在阴凉处冷却。食用时装盘即可。

小贴士

此菜为冬令菜，一般做一锅，可以吃好长时间，所以要注意保证卫生，必要时可以冷冻起来。

图书在版编目（CIP）数据

老家味道．山东卷 / 陈欣然著．-- 石家庄：河北教育出版社，2024.4
ISBN 978-7-5545-8085-1

Ⅰ．①老… Ⅱ．①陈… Ⅲ．①鲁菜—菜谱 Ⅳ．①TS972.12

中国国家版本馆 CIP 数据核字（2023）第 175268 号

书　　名　老家味道　山东卷
LAOJIA WEIDAO SHANDONG JUAN
著　　者　陈欣然
出 版 人　董素山
总 策 划　贺鹏飞
责任编辑　武丹丹
特约编辑　肖　瑶　苏雪莹
绘　　画　吴　尚
装帧设计　鹏飞艺术

出　　版　河北出版传媒集团
河北教育出版社　http://www.hbep.com
（石家庄市联盟路 705 号，050061）
印　　制　北京天恒嘉业印刷有限公司
开　　本　889 mm × 1194 mm　1/32
印　　张　6.75
字　　数　119 千字
版　　次　2024 年 4 月第 1 版
印　　次　2024 年 4 月第 1 次印刷
书　　号　ISBN 978-7-5545-8085-1
定　　价　59.80 元